本书承湖北文理学院协同育人出版基金资助

C 语言课程设计案例教程

主编　熊启军

西南交通大学出版社

·成　都·

图书在版编目（CIP）数据

C 语言课程设计案例教程 / 熊启军主编. —成都：
西南交通大学出版社，2022.8
ISBN 978-7-5643-8845-4

Ⅰ. ①C… Ⅱ. ①熊… Ⅲ. ①C 语言 – 程序设计 – 高等
学校 – 教材 Ⅳ. ①TP312.8

中国版本图书馆 CIP 数据核字（2022）第 142939 号

C Yuyan Kecheng Sheji Anli Jiaocheng

C 语 言 课 程 设 计 案 例 教 程

主编　熊启军

责任编辑	罗在伟
封面设计	何东琳设计工作室

出版发行	西南交通大学出版社
	（四川省成都市金牛区二环路北一段 111 号
	西南交通大学创新大厦 21 楼）
邮政编码	610031
发行部电话	028-87600564　028-87600533
网址	http://www.xnjdcbs.com
印刷	成都蜀雅印务有限公司

成品尺寸	185 mm × 260 mm
印张	14
字数	348 千
版次	2022 年 8 月第 1 版
印次	2022 年 8 月第 1 次
书号	ISBN 978-7-5643-8845-4
定价	39.80 元

课件咨询电话：028-81435775

对于广大地方院校的计算机专业学习者来说，C 语言是其学习的第一门程序设计语言，由于其语法规则和专业术语较多，而目前的教材一般偏向于对 C 语言语法的介绍，在编程运用时却又灵活多样。因而很多初学者在学习过程中确实存在着入门难、实验难、实践应用更难（俗称"三难"）的现实问题，普遍感觉难于运用所学相关知识做出图文并茂、生动活泼的程序，不如学习 C#、Java、Python 等有成就感。这既是过程性语言的缺陷，又是基础性课程的特点。

因此，"C 语言课程设计"应运而生。

"C 语言课程设计"是在学生修完"C 语言程序设计"课程之后开设的一门实践性必修课程（小学期课程）。本书内容分五大部分，包括：C 语言课程设计的目的、任务，C 语言重点知识回顾，软件工程初步，4 类基础题，8 个应用型项目。所有内容兼具实践性、趣味性、应用性，展示了运用 C 语言知识进行微型、小型项目开发的过程。通过理论教学和实践应用不但可使读者对 C 语言基础知识（尤其是数组与指针、链表、函数、算法）的应用有深刻理解，而且可帮助读者初步了解软件开发的过程、方法。

如何有效开展 C 语言程序设计、课程设计的教学，更好地实现教学目标，产生课程和专业吸引力，是广大计算机教师一直在思考、不断探索、实践的课题。结合自身多年教学经验，总结编写了本书，力求给读者展示如何利用流行的 C 语言开发工具，遵循软件工程思维和函数化编程思想，运用 C 语言基本知识开发简单的项目来指导实践，从而提高学习效果和教学质量。

本书具有如下特色：

（1）选择当下流行的 CodeBlocks 作为编程平台。十几年前，C 语言课程设计教材都以 TC 或者 VC6.0 作为项目开发平台，这些 IDE 已与目前流行的 Windows 操作系统不能很好地兼容，因而正逐步或已被淘汰，而 CodeBlocks 是免费的开源软件、功能强大、操作简便。

（2）紧抓"C 语言程序设计"课程的重点、难点和应用点。数组与指针、链表、函数无疑是 C 语言学习和应用的重点，本书中的每一个设计实例都紧密围绕数据结构的定义、算法描述与编码展开，力求循序渐进。

（3）简明扼要地补充少量 C 语言多媒体编程知识。介绍了使用 EGE 图形库进行图形开发的方法和实例，EGE 图形库简单便捷，避免了使用 OpenGL 和 WindowsAPI 等复杂的函数和图形开发技术；简单介绍了使用 WindowsAPI 进行声音播放的几个实用函数。

（4）引入了软件工程概念。本书补充了进行项目开发所需要的软件工程基础知识，让读者对项目开发过程有一个初步的了解。

（5）精心挑选 8 个课程设计范例。这 8 个范例涵盖了实用工具、经典游戏、信息管理等类别，涉及的知识广泛；对每个项目，均以项目设计和实现为主线，详细描述各个阶段的工作，切实指导课程设计全过程；所有项目均提供详细设计过程和完整的程序代码，且所有代码均在 CodeBlocks 平台上调试通过（若需完整代码可电邮 150385711@qq.com）。

（6）每个实例均有详细的分析、设计和实现过程，特别是在程序代码行同步插入了简短的注释，从而便于理解语句和函数的功能、算法的设计思想。

（7）附录中给出了课程设计的基础题和正题的参考题目、设计报告模板等供师生参考。

通过"C 语言课程设计"项目实践，对提高学生 C 语言编程、应用、创新、团队合作、分析和解决问题的能力等起到显著指导和帮助作用。

由于作者的水平有限，书中难免存在疏漏与不妥之处，欢迎读者批评指正。

编 者

2022 年 3 月于古隆中

CONTENTS 目 录

第 1 章　课程设计目标及规范

通常，C 语言是大学新生接触的第一门程序设计语言，对于这一"新鲜语言"，存在着数学思维向计算机思维、算法设计、编码、上机操作技能的转变。然而，初学者的这些思维转变是一个"慢热"的过程，需要较长时间的实践积累，因而普遍认为 C 语言入门难、实验难、实践应用更难。因此，在学完 C 语言程序设计之后，开设学时为 1 或 2 周（小学期）的"C 语言课程设计"来帮助学生理解、掌握和综合应用 C 语言基础知识、重点和难点知识是必要的、大有裨益的、不可或缺的。

通过本章的学习，应该对 C 语言课程设计的目标、选题原则、评价方法有清晰的认识。

1.1　课程设计目的及要求

1.1.1　课程设计的目的

C 语言是一种语法灵活多样、执行效率高、普适性强的程序设计语言。学习 C 语言除了必需的基础知识，如概念、语法规则、基本算法外，更重要的是上机实践。开设"C 语言课程设计"是对学生实施程序设计综合应用训练的必要过程，是对前期课堂教学效果的检验。相比"C 语言程序设计"的上机实验，"C 语言课程设计"要求更高，选题也更接近实际应用。通过"C 语言课程设计"的实践，可以达到以下目的：

（1）深入理解 C 语言理论知识。通过完整的课程设计过程，可以更好地认识、理解、掌握、应用"C 语言程序设计"的语法、结构化和函数化程序设计理念、复杂数据类型的抽象和归纳直至数据类型定义、顺序存储和链式存储的特点和应用、文件读写等知识。

（2）提高分析和解决问题的能力。课程设计为学生提供了一个独立或团队合作实验沟通和思考、综合应用理论知识的实践机会，可检验学生分析问题、建立模型、求解问题的能力。

（3）提高 C 语言编程能力。通过实用项目的设计与开发过程，使学生更好地感悟面向过程、结构化的程序设计方法，培养良好的编程习惯和编程风格，切实提高程序设计、调试、测试等工程实践能力。

（4）提高学生的综合素质。通过分组合作的课程设计教学模式来培养和提高团队的合作能力、沟通能力、表达能力、项目文档撰写能力、创新能力等。合作开发模式有助于增强学生之间的团队合作精神，也可以体验到今后学习和工作中团队合作的必要性和重要性。

（5）为后续课程奠定基础。若掌握了 C 语言程序设计的基本概念和原理、常用算法、程序调试技能，则可为后续课程（如数据结构、面向对象程序设计等）奠定良好的基础。

课程设计的任务是通过布置具有一定难度和编码工作量的项目，让学生系统地、综合地运用所学 C 语言知识，编写一个知识点覆盖面广、功能完善、实用性强的小型软件。要求学生能够遵循软件开发过程的基本规范、运用结构化程序设计方法，完成分析、设计、编码、调试和测试以及书写文档等。

1.1.2　课程设计的过程

"C 语言课程设计"采取的教学模式是分组合作。学生先由 3 或 4 人组成一个小组，再在教师指定的题目中自主选题，接下来按照软件工程的规范进行合作开发，最后进行项目演示和答辩、提交完整的设计报告文档，教师根据小组完成质量和个人的表现对课程设计成绩进行综合评定。主要过程分为如下 5 个阶段：

（1）选题阶段。

学生根据指导教师要求和自身实际情况进行选题。

教师提供课程设计题目以及相应任务书，学生根据自身学习情况、题目难易程度、小组成员兴趣等因素选择相适应的课程设计题目；或者依据统一的、固定的规则进行选题，并经指导教师认可后确定。题目一旦选定不允许随意更改。

（2）分析设计阶段。

指导教师提供范例，积极引导学生自主学习和钻研，明确设计要求，严格按照需求分析、总体设计、详细设计等步骤，阶段性地提交相应设计文档。

（3）编码调试和测试阶段。

根据前面的方案编写代码、调试程序，实现任务书要求的功能。实践过程中记载调试、测试和纠错的解决办法。

（4）答辩阶段。

学生完成上面的工作后，以小组为单位准备 PPT 演示文档、完成答辩，包括程序演示、解题方案展示、提问和回答等。

（5）提交设计报告阶段。

将以上各阶段的文档进行整理、总结得失、体会等最终形成课程设计报告。要求学生按照需求分析、总体设计、详细设计、编码、测试的步骤撰写报告内容，附加完整的程序源代码、使用说明书等。

1.1.3　课程设计的要求

开展课程设计要满足以下基本要求。

（1）要求学生熟练掌握 C 语言的基本概念，不同类型数据的输入输出，数组、指针、结构体和链表等复杂数据类型的定义及使用，二进制文件的读写，结构化和函数化程序设计方法等知识。

（2）理清和规划项目的总体框架，合理划分功能模块、绘制功能模块图，绘制项目执行时的操作流程图。

（3）要求使用面向过程的结构化程序设计方法和模块化思想编程，突出 C 语言的函数特征，体现函数的重用性。

（4）设计清晰的程序算法流程图、数据类型定义、合理的函数原型定义等。

（5）各函数、功能模块单独设计和编码、调试、测试，最后整合进行集成调试和测试。必须实现需求分析中确定的基本功能，程序应具备一定的容错能力。组内同学之间开展讨论和协作，既相对独立又合作互助。

（6）在源程序中合理使用注释，体现格式化、规范化编码风格，有利于程序阅读和理解。

（7）程序交互性强。程序运行界面友好、直观、易操作。

参加课程设计的学生，在设计阶段应该集思广益、通力合作，在具体编码阶段相对独立，答辩阶段团队协作。在项目达到基本要求之后，鼓励学生进行创新设计，并以程序演示、答辩、课程设计报告等方式来证明其技能性、创新性，从而反映出理解和运用知识的水平和能力。

课程设计答辩结束后，要求提交的材料包括：课程设计报告一份、源程序代码一份（能编译并正常运行）、操作手册（使用说明书）一份。强调文档的写作质量和排版质量。

1.2 课程设计选题

1.2.1 课程设计选题原则

合适的选题是开展课程设计的良好开端。通过对"C 语言课程设计"的选题进行调研和梳理，总结出以下几个选题原则：

（1）可实施性。

课程设计的选题要符合教学大纲；学生能够运用所学知识，进行基本技能方面的训练；要难度适中，让不同基础的学生经过努力都可以完成任务。不能指定规模过大、要求过高、不切实际的题目。

（2）可扩展性。

完成课程设计所需要的绝大多数知识应该讲授过，但考虑到课程设计的题目比理论课程中的练习题、实验题难度系数要高，可以应用一些没有学过的知识。但是，对这些需要补充、扩展的知识，教师应在设计过程中给予提示、讲解，或者说不能脱离教学大纲，更不能要求学生学习大量的新知识、新技术。

（3）典型性。

题目要具有较好的代表性，便于学生通过一个项目的实践，掌握一类项目开发所需要的相关知识和技术，最终达到触类旁通、举一反三的效果。

（4）趣味性。

题目要尽可能具有趣味性，从而激发学生进行课程设计的积极性，能够主动投入到课程设计中去，实现快乐学习、自主学习。

（5）新颖性。

选题应该具有一定的新颖性，如果要求学生完成一些和教科书上完全一致、或者可以简便搜索到的原题，学生的学习积极性和实践能力的提高将大打折扣；具有启发性，鼓励学生大胆创新、在现有大框架下自行挖掘和开发特色功能。因此，项目选题应尽可能结合生产、管理、教学、科研等实际需求进行命题。

（6）参照性。

应该给予学生一定的范例、提示或指定解决方案，否则学生可能会感觉无从下手或盲人摸象。

1.2.2 课程设计题目类型

"C 语言课程设计"的常规题目可以有以下几个类别：

（1）应用工具类。

该类项目主要是一些非常实用的小工具，如电子时钟、万年历、计算器、文本编辑器等。这些项目与日常生活接触紧密，有可参照的成品，有助于学生准确获取项目需求，对比作品效果。

（2）游戏开发类。

游戏开发类项目是指一些适合使用 C 语言编程实现的小型游戏项目，如贪吃蛇、推箱子、俄罗斯方块、五子棋、扫雷等，它们既可以使用字符界面，也可以使用图形界面，既可以使用顺序存储结构，也可以使用链式存储结构来解答。这些游戏项目可以激发学生的学习兴趣，提高课程设计的积极性，检验对 C 语言知识的掌握程度。

（3）信息管理类。

信息管理类项目是指开发一些小型的信息管理系统（简称 MIS），如图书管理系统、学生成绩管理系统、员工工资管理系统、选课系统、超市销售系统、订票系统、通讯录等，此类项目学生或多或少有一些接触、不会完全陌生，同时涉及的主要知识点有数组、指针、结构体、链表等，非常有利于学生对相关知识的深刻理解、掌握和应用。

1.2.3 课程设计选题建议

"C 语言课程设计"的选题要符合学生的知识结构，让每个学生都能在有限的时间内有效地开展课程设计工作，并有所收获。项目开发使用的知识和技术绝大部分应该是学生已经学过的，仅需补充少量的、没有学过的知识和技术。

"C 语言程序设计"是开展"C 语言课程设计"的先导课程，通过对"C 语言课程设计"常规选题的调研，提出如下建议：

在进行"C 语言课程设计"时，对于广大地方院校来说，还没有开设或学习过 Windows 编程、数据库技术、甚至数据结构与算法等课程。因此，课程设计建议使用控制台应用程序来实现，不宜涉及 C++可视化图形界面、数据库、网络编程等。

适宜选题包括基于文件存储的信息管理类、游戏类和应用工具类。基于文件存储的信息管理类项目以二进制结构体记录为单位进行数据的存储和读取，可以复习和巩固先导课程中介绍的文件读写操作，深刻理解数据的结构化、完整性，也就避免了使用未学过的数据库技术，但也能从中粗略地了解到数据库的雏形；游戏类项目具有强烈的趣味性、扩展性，可以提高学生的学习积极性、思考的广度和深度；应用工具类项目颇具实用性，对提升学生的实践能力、实用价值观有很大帮助。

即使希望获得更好的图形图像、动画（图形化界面）、多媒体音视频效果，也只需要补充一些简单的图形绘制、音视频存储读取和播放知识即可，从而缩小与先导课程的跨度，实现平稳过渡和有效衔接，符合学生的认知规律，最大程度提升学生的学习兴趣，保证课程设计的效果。

1.2.4　课程设计任务书

任务书对课程设计题目的需求、功能、知识点进行说明，在课程设计开始时下发给学生。课程设计任务书可以有以下两种形式。

（1）"命题式"任务书。

"命题式"任务书的内容往往非常详细，通常把一个项目需要实现的功能完整地、清晰地列举出来，甚至给出了最终要求的交互界面和运行效果、数据格式等。

在验收时，对照任务书把项目功能的完成度作为一个最重要的考核指标，功能实现完整的小组可获得较高的评价；而功能实现不够全面，即使部分功能的实现较为完善，也不能获得较高的评价，甚至实现了没有要求的功能，也不会获得额外的加分。在这种评价机制的指导思想下，学生只会对照老师要求的功能逐一设计和开发，不会过多地思考软件的需求定位，也不会在软件设计上花费过多的时间，最终导致多个小组开发的项目功能和界面几乎完全一致。这种做法，势必对学生的项目开发积极性造成影响，也会限制学生的创新力，不利于学生创新能力的挖掘和培养。

（2）"自主式"任务书。

"自主式"任务书不细化项目需求，仅提供项目应用领域以及一些基本功能的建议，注重让学生去挖掘项目需求，撰写需求文档，并以此驱动项目开发的全过程。学生需要自主开展项目的设计工作，包括界面设计、功能模块设计、数据结构、算法等，从而引导学生独立思考、主动探究、自主学习，并且有目的、有计划、有效率地开展项目开发，从而促进并提高学生的创新能力、实践能力和自主学习能力。

在验收时，除了考虑项目开发各个阶段的复杂度和工作量外，还会重点考察项目组的创新能力、项目的功能特色或技术特色，对创新性强、功能全面、额外知识和技术使用充分的小组可给予更高评分。即对学生进行综合能力和素养的全面评价。

因此，"自主式"任务书可以引导学生自主开展项目需求分析、设计、编码和测试工作，提升学生独立分析问题、解决问题的能力，更有利于创新思维的培养。

在实际操作中，常将两者融合在一起但更侧重于后者。

1.3　课程设计评价

1.3.1　过程性评价

评价是检测学生理解问题和解决问题能力的一种重要手段，教师需要严格跟踪课程设计进度，审查学生各个阶段提交的文档，严格把关、公平公正，对学生的学习态度、出勤情况、动手能力、独立分析和解决问题的能力、创新精神、答辩水平和设计报告质量等指标进行综合考评。教师在记录学生各阶段的成绩时可采用百分制或等级制，或者两者兼而有之。课程设计过程性评分标准见表1-1。

表 1-1　课程设计过程性评分标准

阶段	主要任务	成果（阶段性文档）	分　值	得　分
1 需求分析	确定选题，明确任务，建立需求模型	功能需求描述（使用文字或用例图进行描述）	10	
2 总体设计	确定项目界面、数据、功能模块、操作流程图	定义所涉数据的类型、存储结构，设计项目功能结构图、模块间关系图、项目操作流程图、界面图等	15	
3 详细设计	功能细化求精、算法设计	设计函数功能及函数首部、函数间调用关系、函数的算法描述	30	
4 编码调试	依据算法编写代码、调试程序	编写函数的具体代码和简要注释，集成和调试程序，解决碰到的错误、疑难等办法	30	
5 测试	针对功能确定测试方案、数据	设计测试用例，验证函数功能和程序结果、记载测试结果以及程序修改和完善	15	

1.3.2　演示和答辩评价

课程设计演示和答辩是验收课程设计的重要环节。以小组为单位，对课程设计成果（设计思路、功能、源代码、可执行程序）进行演示和讲解，通过学生演示、他组同学和教师提问、学生解答来进行。

开展课程设计答辩具有以下优点：

（1）有助于提高学生的重视程度。学生在课程设计之初就被告知最后要进行课程设计答辩，比没有答辩要求的重视程度更高、付出的努力更多，以期在答辩环节能经受全班同学和老师的审视和肯定。

（2）有助于锻炼学生的综合能力。答辩有助于提高学生的语言表达能力、归纳总结能力，文档写作能力等。在当今激烈的社会竞争中，这些能力对学生的未来发展也是至关重要的，只会技术、不会表达、不能很好地与他人沟通，将不利于学生的综合素质提高和全面发展。

（3）有助于教师对课程设计进行评价。通过项目的现场演示，可以直观了解一个项目的设计难度、完成度、界面友好度等；答辩时的表现，可以直接反映出学生的学习态度、学习能力、知识掌握程度、项目开发的技术水平等。

在答辩过程中，要演示程序运行效果、播放 PPT 演示文档、演示和播放时间不多于 10 min，提出 2~3 个问题、问答时间不少于 5 min。一组答辩结束后，教师要进行点评和现场给出答辩评分，演示答辩评价表见表 1-2。

表 1-2　演示答辩评价表

分　类	效　果	分　值	得　分
汇报演示	从演示讲述流畅度、功能完成度、输入容错度、输出美观性、交互性等方面进行评价	30	
答　辩	从所涉知识点、具体功能算法如何实现？ 为什么选择该知识点或方案、是否有更好方案等方面进行答辩	40	
他组问答	他组疑惑、提问、补充等方面进行问答	30	

1.3.3　设计报告评价

课程设计报告是进行课程设计评价的重要依据之一，每组或者每人提交一份课程设计报告（小组整体目标虽一致，但组内成员各自能力有差异，组内每人一份设计报告有利于个性的发挥）。课程设计报告通常应该包含如下几个方面的内容。

（1）封面。写明课程设计题目、项目组成员的姓名和学号、指导教师、完成日期等。

（2）项目参数。包括任务书、开发工具和平台、代码行数、开发周期、成员详细分工和贡献等。

（3）报告正文。

① 目录。生成报告正文的 1~3 级标题目录。

② 设计目的。项目功能、涉及知识、技术介绍等。

③ 需求分析。项目详细功能需求，以及必要的性能需求分析。

④ 总体设计。项目功能模块划分，绘制项目功能结构图、操作流程图。

⑤ 详细设计。项目功能模块的分解、详细设计，包括函数原型、函数间调用关系、函数的算法描述等。

⑥ 编码和调试。挑选核心功能进行算法的详细描述、部分源代码及分析，调试中碰到的问题及解决方法。

⑦ 测试。输入数据、针对核心功能模块规划测试用例表，并编写测试用例，重点关注错误输入和边界值输入的测试用例、功能的达成度等。

⑧ 撰写文档。综合各阶段文档，总结本次设计所取得的经验和收获，重点对设计过程中遇到的困难以及解决方法进行阐述。如果程序未能全部调试通过，则应分析其原因；或者对未能实现的功能提出自己的见解或解决思路。

⑨ 参考文献。列出项目设计、实现和文档撰写中所参考的文献。

（4）附件。附件中主要包括完整的项目程序代码、用户手册（操作说明）、程序执行主要数据和结果截图等。

课程设计总评成绩由过程性文档、演示和答辩、设计报告三部分的得分构成，各部分按 4：3：3 的比例计算，最后得出百分制或五级制成绩，设计报告质量评分表见表 1-3。

表 1-3　设计报告质量评分表

分　类	评分细则	分　值	得　分
文档完整性	报告的各部分是否完整、内容描述是否详实、是否抄袭等	30	
文字排版质量	各级标题及具体内容是否排版美观、统一、协调	30	
图像编辑质量	绘图或贴图的大小是否协调、颜色是否对比鲜明以及清晰度	20	
文字表述准确	用词是否准确、有无错别字、标点是否正确等	20	

第 2 章　C 语言及 IDE 概述

随着计算机软硬件技术的发展，C 语言的标准、集成开发环境（IDE）等都发生了深刻的变化，工欲善其事必先利其器，C 语言编程工具的选择至关重要。本章将先简要介绍流行且开源免费的 C 语言 IDE——CodeBlocks 的使用，再通过实例总结和强调 C 语言基础知识，最后简单介绍使用 EGE 编写图形化界面程序的基本步骤、声音文件的播放方法。

通过本章的学习，应该掌握 CodeBlocks 的使用方法；深刻理解和熟练使用 C 语言基础知识；逐步掌握 EGE 图形库、声音文件播放编程方法。

2.1　C 语言 IDE

目前，可用于 C/C++语言编程的集成开发环境（IDE）比较多。

VC6.0 是一款优秀的 C/C++语言集成开发工具，但其与 Windows 7 及后续版本存在兼容性问题，所以 VC6.0 正慢慢退出了教学和应用舞台。微软产品中使用更多的则是 VS.NET 套装软件，它是多种编程语言的集成体，虽功能丰富但过于庞大。

至于 TC（Turbo C）则早已退出了历史的舞台，TC 的汉化升级版 WinTC 也正逐渐被淘汰。

目前，使用较多的 C/C++ IDE 有 C-Free、Dev-C++、Code::Blocks 等。其中，C-Free 是国产共享软件，短小精悍；Dev-C++、Code::Blocks 则是功能强大的开源免费软件，特别是 Code::Blocks（也写作 CodeBlocks 或 CB）。

本书以 Code::Blocks17.12 作为 C/C++编程的 IDE，本书所有代码均在 Code::Blocks17.12 下调试通过。

2.2　CodeBlocks 简介

2.2.1　CodeBlocks 的下载

输入网址 http://www.Code::Blocks.org 打开 CodeBlocks 的官方网站，在其主页上点击菜单"Downloads"，再在随后显示的网页上点击选项"Download the binary release"进入真正的下

载页，如图 2.1 所示。

Windows XP / Vista / 7 / 8.x / 10:

File	Date	Download from
codeblocks-17.12-setup.exe	30 Dec 2017	Sourceforge.net
codeblocks-17.12-setup-nonadmin.exe	30 Dec 2017	Sourceforge.net
codeblocks-17.12-nosetup.zip	30 Dec 2017	Sourceforge.net
codeblocks-17.12mingw-setup.exe	30 Dec 2017	Sourceforge.net
codeblocks-17.12mingw-nosetup.zip	30 Dec 2017	Sourceforge.net
codeblocks-17.12mingw_fortran-setup.exe	30 Dec 2017	Sourceforge.net

图 2.1　Code::Blocks 的下载

图 2.1 显示的是基于 Windows 操作系统的 Code::Blocks 下载页，可以从超链接的 Sourceforge. net 或 FossHub 站点进行下载。需要注意的是务必选择带编译器的安装文件（如图 2.1 中划线标记所示）。

2.2.2　CodeBlocks 的安装

下载得到的文件是 CodeBlocks-17.12mingw-setup.exe，双击该文件，进行"傻瓜式"安装即可。

2.2.3　CodeBlocks 的使用

在 CodeBlocks 中可以建立不同类别的 C 语言程序。

1. 建立缺省工作空间（工程）的 C 语言程序

建立方法是通过点击菜单项"File\New\File…"，在随后出现的"New from template"对话框中选择右侧的"C/C++ source"选项（如图 2.2 所示），再根据提示进行操作即可。这种方式建立的程序属于缺省工作空间（default workspace），仅包含 *.c、*.cpp 和 *.h 文件。

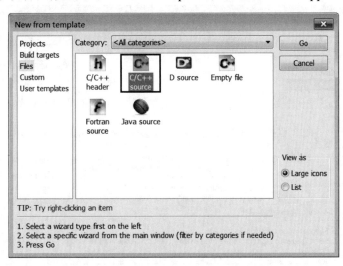

图 2.2　从 C/C++source 模版建立程序

2. 建立控制台应用程序

这种方式建立的程序属于控制台应用程序，其仅包含缺省代码的 main.c 文件。方法是通过点击菜单项"File\New\Project…"，在随后出现的"New from template"对话框中选择右侧的"Console application"选项（如图 2.3 所示），再根据提示进行操作，最重要的是修改主文件 main.c 的内容。可仿照方式 1 中的方法向工程中添加其他文件，如头文件。

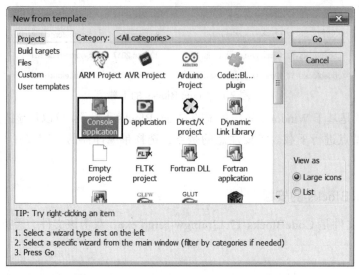

图 2.3　从 Console application 模版建立工程

3. 建立自定义模版的工程

这种方式是根据自定义的模板建立工程，其一般包含特定的代码或编译链接设置。方法是点击菜单项"File\New\From template…"，在随后出现的"New from template"对话框中选择右侧的"Graphics Template"选项（如图 2.4 所示的图形编程模板），再根据提示进行操作即可。最后可仿照方式 1 中的方法添加头文件等其他文件。最重要的是修改主文件 main.c 的内容。

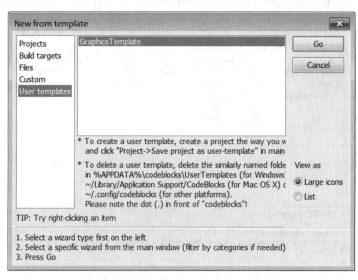

图 2.4　从用户自定义模版建立工程

后两种方式建立的都是工程，其可以包含多个文件，添加这些文件时记得设置它们的存储位置和名称，并勾选"Add file to active project"复选框。

需要强调的是：非工程型程序（如按方式 1 建立的程序），在 CodeBlocks 中是不能进行调试的（Debug），即在 CodeBlocks 中只有工程才能进行调试（Debug）。

2.3　C 语言基础

学习"C 语言程序设计"，重心不在语法知识，但缺少语法知识将寸步难行，因而 C 语言语法只需够用就行或者逐步积累直至全面掌握，重点是掌握 C 语言编程软件（集成开发环境 IDE）的使用、常用算法，训练计算思维。学好该课程的唯一途径是"三动"，即动眼、动脑、动手，也就是多看、多想、多练，特别需要指出的是这"三动"的关键点在"多练"上。

2.3.1　C 语言知识结构

图 2.5 描述了"C 语言程序设计"课程的知识结构，展现了知识点之间的关系。

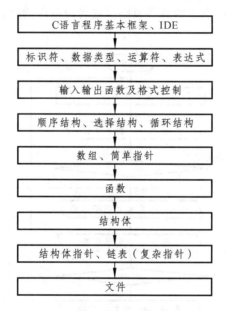

| C语言程序基本框架、IDE |
| 标识符、数据类型、运算符、表达式 |
| 输入输出函数及格式控制 |
| 顺序结构、选择结构、循环结构 |
| 数组、简单指针 |
| 函数 |
| 结构体 |
| 结构体指针、链表（复杂指针） |
| 文件 |

图 2.5　C 语言程序设计知识结构

在"C 语言程序设计"课程中，一般把循环、数组和函数作为教学重点，把结构体、结构体指针、链表、文件作为教学难点，从而把握重点、突破难点。课程设计的目的正在于此。

2.3.2　循环结构实例

下面以一个文本菜单的设计和实现为例，介绍选择、循环结构以及函数的应用，如图 2.6、2.7 所示。

```
***********操作主界面***********
*                             *
*          0 退出             *
*          1 录入数据         *
*          2 查询数据         *
*          3 显示数据         *
*******************************
Please select item from 0~3：
```

图 2.6　主菜单示意图

```
++++++++++++查询界面++++++++++++
+                             +
+          0 返回上一层       +
+          1 按属性1查询      +
+          2 按属性2查询      +
+          3 按属性3查询      +
+++++++++++++++++++++++++++++++
Please select 0~3 for search：
```

图 2.7　查询子菜单示意图

图 2.6 显示的是某信息管理系统的 4 个主要功能，图 2.7 则是选中"查询数据"功能后显现的下一层级查询子功能。该例子的解答思路，或者说程序的执行流程是比较清晰的，如图 2.8 所示。

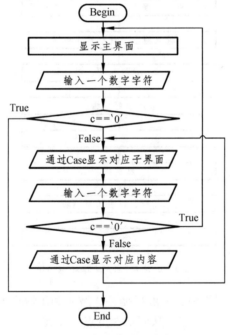

图 2.8　文本菜单执行流程

具体代码如下：

```
//demo2_1.c
#include<stdio.h>
#include<stdlib.h>
#include<windows.h>
void showMainMenu( ){
```

```c
    printf("**********操作主界面**********\n");
    printf("*                              *\n");
    printf("*          0  退出             *\n");
    printf("*          1  录入数据         *\n");
    printf("*          2  查询数据         *\n");
    printf("*          3  显示数据         *\n");
    printf("***************************\n");
    printf("Please select item from 0--3:");
}
void showSearchMenu(){
    printf("++++++++++查询界面++++++++++\n");
    printf("+                              +\n");
    printf("+          0  返回上一层       +\n");
    printf("+          1  按属性 1 查询    +\n");
    printf("+          2  按属性 2 查询    +\n");
    printf("+          3  按属性 3 查询    +\n");
    printf("++++++++++++++++++++++++++++\n");
    printf("Please select 0 ~ 3 for search:");
}
int   main( )
{
    char   c;
L0:
    system("cls");            //清除屏幕上显示的信息。cls 是 dos 命令
    system("color   07");     //0 背景色为黑色、7 前景色为白色。color 是 dos 命令
    printf("\n");
    showMainMenu( );          //显示主菜单
    c=getchar( );     fflush(stdin);
    switch(c)
    {
        case '0': goto   LX;
        case '1': goto   L1;
        case '2': goto   L2;
        case '3': goto   L3;
        default: goto   L0;
    }
L1: system("cls");
    printf("\nNow is going to input data.please waiting...\n");
    Sleep(2000);              //延时(或睡眠)2000 毫秒，注意这个函数的首字母
```

```c
        printf("Input data finished.\n"); //模拟数据录入结束
        printf("稍候，返回上一层！ ");
        Sleep(3000);        //该函数位于头文件 Windows.h 中
        system("cls");
        goto    L0;
L2:    system("cls");
        system("color    0A"); //设置背景色为黑色 0、前景色为绿色 A
        printf("\nNow is going to search data.\n");
        showSearchMenu( ); //显示查询子菜单
        c=getchar( );    fflush(stdin);
        system("cls");
        switch(c)
        {
            case '1':    printf("Now is gonting to search with Item1.\n");
                    Sleep(2000);
                    printf("Search with Item1 finished.\n");
                    printf("稍候，返回上一层！ ");
                    Sleep(3000);
                    goto    L2;
            case '2':    printf("Now is gonting to search with Item2.\n");
                    Sleep(2000);
                    printf("Search with Item2 finished.\n");
                    printf("稍候，返回上一层！ ");
                    Sleep(3000);
                    goto    L2;
            case '3':    printf("Now is gonting to search with Item3.\n");
                    Sleep(2000);
                    printf("Search with Item3 finished.\n");
                    printf("稍候，返回上一层！ ");
                    Sleep(3000);
                    goto    L2;
            case '0':    goto    L0;
            default : goto    L2;
        }
L3:
    system("cls");
    printf("Now is going to display data...\n");
    Sleep(2000);
    printf("Display data finished.\n");
```

```
        printf("稍候，返回上一层！");
        Sleep(3000);
        goto    L0;
        LX: exit(0);
        return    0;
}
```

上述主函数中标号 L1、L2、L3 所对应的代码段可归纳为相应自定义函数，从而简化主函数。程序中大量使用了"goto"来实现循环，使用它使得程序的逻辑结构更为清晰明了。

2.3.3   函数实例

函数包括函数首部和函数体，函数首部又称为函数的原型。

函数首部由 3 部分构成，包括函数（返回值）类型、函数名和函数参数。函数类型与函数参数有一定关联，因为函数返回值也可以转换为函数参数，这就涉及到指针作为形参的问题了。对于这个问题，牢记一点：希望通过函数运算得到多个返回值（新值）时，必须使用指针型参数。

如何确定函数参数的个数及其类型则是学习的重点和难点。

函数体的实现则属于算法设计和编码能力的范畴。

下面以求一个整型数组中的最大值、最小值为例，介绍自定义函数的设计与实现，特别是参数的选取和确定。

设计函数的首部就是确定函数的参数和返回值，也就是找出显式的或隐式的已知量、确定求解量。

对于上述问题可以这样考虑：

需要通过一个函数运算得到两个返回值——同时求出数组中最大、最小值的下标，它们不可能同时通过 return 得到（因为一个函数通过 return 最多只能得到一个返回值），所以必须使用指针型形参。

求解对象是数组，必须牢牢抓住数组的首地址和数组的元素个数这两个要点，为了保证程序的通用性和重要性，肯定不能将数组元素的值以及其元素个数固化在程序或函数之中。所以，这两者必须作为函数的参数，即数组首地址和数组元素个数这两个必须同时作为函数的参数。

因此，相应函数的首部可以设计成下面的几种样式之一。

```
void CalMaxMinNo(int *a,int n,int*maxNo,int*minNo);      //①
void CalMaxMinNo(int a[ ],int n,int*maxNo,int*minNo);    //②
int CalMaxMinNo(int a[ ],int n,int*minNo);               //③
int CalMaxMinNo(int a[ ],int n,int*maxNo);               //④
```

其中，①、②设计是一种方式的两种写法，本质是相同的；③、④设计属于"人为割裂"，不可取。所以，以第一种作为求最值的函数首部最为清晰和常用。

具体程序代码如下：

//demo2_2.cpp

```c
#include<stdio.h>
void CalMaxMinNo(int *a,int n,int*maxNo,int*minNo){
    int i;
    *maxNo=0,*minNo=0;   //假定下标 o 处是最大、最小值
    for(i=1;i<n;i++){
        if(a[*maxNo]<a[i]) *maxNo=i;
        else if(a[*minNo]>a[i]) *minNo=i;
    }
    return ;
}
int main( ){
    int a[ ]={5,3,1,7,9,8,6,4,10,2},n=10;
    int maxNo,minNo;
    CalMaxMinNo(a, n, &maxNo,&minNo);
    printf("maxNo=%d,minNo=%d\n",maxNo,minNo);
    printf("max=%d, min=%d\n",a[maxNo],a[minNo]);
    return 0;
}
```

上面的 main 主函数中，其代码只包含必要的定义数据、处理数据、输出结果，即定义变量和赋值、调用自定义函数进行计算、输出结果。即是输入、计算、输出。充分展现了函数调用的优势，从而使得主函数简洁、清晰。

2.3.4　数组实例

数组是顺序的存储结构。必须牢固掌握基于数组的多种查找和排序算法、使用数组模拟多种集合运算以及一些计数问题。

例如，输入一批正整数，有序输出出现 3 次及以上的整数。

这个问题主要涉及排序、查找、计数等基本算法。

解题思路是：输入一批数据并用数组进行存储，接下来对数组元素进行排序，再对有关两个元素进行比较并计数，最后在两元素不等时判断其次数、输出满足条件的元素。

实现代码如下：

```c
//demo2_3.cpp
#include<stdio.h>
#include<stdlib.h>
//输入，存储并计数元素个数
int input(int*a){
    int n=0;
    printf("Input array a:");
    do{
```

```c
        scanf("%d",&a[n]);
        if(a[n]<=0)break;
        n++;
    }while(1);
    return n;
}
//数组元素按非递减方式进行选择排序
void sort(int a[],int n){
    int i, j;
    int t;
    for(i=0;i<n-1;i++)
        for(j=i+1;j<n;j++)
            if(a[i]>a[j]){
                t = a[i];   a[i] = a[j];   a[j] = t;
            }
}
//计数方法一及输出
void output1(int a[],int n){
    int i=0;
    int j=i+1;
    int count=1;
    while(j<n){
        if(a[i]==a[j]) count++;
        else{
            if(count>=3) printf("%d,",a[i]);
            count=1;
        }
        i++;
        j++;
    }
}
//计数方法二及输出
void output2(int a[],int n){
    int i=0, j=i+2;
    int flag=0;
    while(j<n){
        if(a[i]==a[j]){
            if(!flag)printf("%d,",a[i]);
            flag=1;
```

```
                j++;
            }
            else{
                if(flag) i=j;
                else i++;
                j=i+2;
                flag=0;
            }
        }
        printf("\n");
    }

    int main(){
        int n, i ;
        int a[100];
        n=input(a);
        sort(a,n);
        printf("\nResult is:");
        output1(a,n);          //output2(a,n);
        return 0;
    }
```

在上面的程序中，output1()函数使用的是逐个移动来计数（即比较相邻两个元素）；output2()函数使用的是跳跃式移动来计数（即比较等值的第一个元素与第 i 个元素）。显然后者的效率更高一些。为了正确有效地理解上面两种计数方式，可以采用手工调试（即手工演算）或自动调试的方式来领会两个 output()函数的算法思想，切勿"动眼不动手"。

程序中 main()主函数非常简洁，其设计思路是先输入得到待处理的数组、再对数组进行排序、最后计数并输出（即输入、计算、输出），分别通过调用自定义 input()函数、sort()函数、output()函数实现。这一处理流程完全符合结构化程序设计的思想。

本题的解答也可以这样设计：定义两个数组，一个用于存储输入的数据、另一个存储各数据出现的次数；算法基本思路是边输入边实现插入排序（但重复出现的元素不插入，保证数组元素的唯一性），同时将重复元素的次数存入另一数组，最后遍历计数数组而输出结果。具体算法读者可自行实现。

该题也可以使用结构体数组或者链表作为存储结构来进行解答。在结构体数组中每个元素的类型是结构体，且是正整数值及其出现次数的组合，实现算法与 demo2_3.cpp 一致。使用链表则每个结点由值、次数、指针三者构成，对于链表来说，排序只能使用直接插入排序算法。具体代码读者可自行实现。

思考下列使用数组作为存储结构的计数题：

（1）输入一个字符串，统计各字母字符出现的次数（不区分大小写）；

（2）输入一个任意的正整数，统计各数字字符出现的次数；

（3）输入一串百分制成绩（以负数作为结束标记），统计各成绩出现的次数，输出比当前成绩高的人数；

（4）对高考总成绩按名次非递减排序（即成绩相同名次相同）；

（5）对高考总成绩按一分一段进行统计（最高分在最前面）。

这5道题都属于计数问题，也涉及映射存储（或称哈希存储）。

2.3.5　链表基本操作实例

链表的基本操作包括链表的建立、遍历、插入、删除等。若读者在 C 语言程序设计课程中或者本课程中掌握了链表的基本操作，则在学习后续课程"数据结构与算法"时将可达到事半功倍的效果。

下面对链表的基本操作进行讲述。

1. 定义链表结点的数据类型

对链表结点常采用类型重定义的方式进行数据类型定义。

```
typedef   struct   NodeType{
    int    data;
    struct   NodeType* next;
}*LinkList;
```

2. 建立链表

建立链表，一般有两种方法：一是头插法，二是尾插法。

所谓头插法就是将新结点总是插入到原链表的最前面，使其成为真正的第一个结点（若链表附加有头结点，则是插入到头结点之后）。

所谓尾插法就是将新结点总是插入到原链表的最后，即追加到原链表的尾部。

本节所有链表操作的实现均带头结点。

下面以头插法为例介绍链表建立的算法。具体实现上是以含 n 个元素的数组为依托，建立一个带头结点的单链表。

```
LinkList    create (int *a, int    n)
{
    LinkList    head, p, s;
    int    i;
    head=(LinkList)malloc(sizeof(struct    NodeType));
    head->next=NULL;            p=head;
    for(i=0;i<n;i++){
        s=(LinkList)malloc(sizeof(struct    NodeType));
        s->data=a[i];
        s->next=p->next; //新结点与头结点的原后继连接起来①
        p->next=s;          //头结点与新结点连接起来，成为了头结点的后继②
    }
```

```
        return head;
    }
```

3. 向链表中插入元素

下面的算法是将值为 x 的元素插入到以 head 为头结点的链表的第 i 个元素之前。

```
int   insert (LinkList   head,   int   x, int   i)
{
    LinkList   p, s;
    int   k=0;
    p=head;
    if(i<1) return   0;           //返回 0 表示插入不成功，是由于 i 太小造成的
    while(p && k<i-1)             //寻找插入位置，使得 p 指向第 i-1 个元素
    {
        p=p->next;
        k++;
    }
    if(!p) return   0;           //返回 0 表示插入不成功，是由于 i 太大造成的
    s=(LinkList)malloc(sizeof(struct   NodeType));
    s->data=x;
    s->next=p->next;       //①
    p->next=s;             //②
    //①和②次序不能颠倒、除非增加一个指针变量先存储 p 的后继
    return   1;                // 1 表示插入成功
}
```

4. 删除链表中指定元素

下面的算法是删除以 head 为头结点的链表的第 i 个结点。

```
int   delANode(LinkList   head, int i, int *x)      //   *x 存储被删结点的 data 域
{
    LinkList   p=head, q;
    int   k=0;
    while(p->next && k<i-1)              //寻找删除位置，使得 p 指向第 i-1 个元素
    {
        p=p->next;                      //p 后移
        k++;
    }
    if(!p->next || i<1)   return   0;
    //返回值为 0 表示 i 非法，是由于 i 太大或太小造成的
    q=p->next;   *x=q->data;
```

```
        p->next=p->next->next;              //或者写成 p->next=q->next;
        free(q);
        //主动释放 q 所占的存储空间，归还给系统，否则会游离在内存之中
        return   1;
}
```

5. 遍历链表

下面的算法是依次访问以 head 为头结点的链表的每个结点。

```
void    show(LinkList   head)//遍历以 head 为头结点的链表
{
        LinkList    p;
        p=head->next;              //必须牢牢抓住链表的头，即 head 是不能改动的
        while(p)                   //即 p!=NULL
        {
            printf("%d, ",p->data);
            p=p->next;             //指针 p 后移
        }
}
```

将上述代码组合成一个程序，主文件、主函数如下：

```
//demo2_4.cpp
int main( ){
        int a[ ]={5,3,1,7,9,8,6,4,10,2},n=10;
        LinkList    head,p;
        int x,i;
        head=create (a,n);
        printf("Create a new LinkList. It is:\n");        show(head);
        printf("\nInput x,i for insert:");
        scanf("%d%d",&x,&i);   fflush(stdin);
        insert (head, x, i);
        printf("\n\nAfter insert, LinkList is:\n");        show(head);

        printf("\nInput i for delete. i=");
        scanf("%d",&i);                fflush(stdin);
        delANode(head, i, &x);
        printf("\nAfter delete, LinkList is:\n");        show(head);
        return 0;
}
```

注意：在本例中，执行插入操作时，i 的合法取值范围是 1～11；执行删除操作时，i 的合法取值范围是 1～10。否则，i 非法。

链式存储（链表）是一种动态的非顺序存储结构，特别适合于进行线性表的动态操作，操作简便且可以提高动态操作的效率和存储空间的利用率（即降低时间复杂度和空间复杂度）。

在掌握了链表的基本操作后，尝试以此为基础实现两个有序集合的并交差等集合运算，实现两个一元 n 次多项式的加法、乘法运算（可参考数据结构教材或相关资料）。

2.3.6 建立模型

C 语言一般是计算机专业学生接触的第一门程序设计语言，必须且只能日积月累地逐步掌握 C 语言灵活多样的语法规则、基本概念和专业术语、常用算法以及编码和调试技能，逐步实现数学思维向程序思维、计算思维的转变，逐步提炼、总结、明确《C 语言程序设计》在计算机专业中的地位、作用、目标。

学习 C 语言，必须牢固掌握、熟练应用如下几方面的基本编程技能：

（1）假设法。假设它是最小值、假设它处于第一区间（数学上的分段函数）、假设它能被整除、假设它是素数、假设它是最优解……总是先假设，再通过运算修改假设量的值，直至得到最终结果。

（2）模运算。模运算就是整除取余数，最直接的应用是分离一个整数各位置上的数字，由此衍生出的题目有：将一个整数各位上的数字分离和重组逆置、输入任意年月日判断它是星期几、求素数、求因子（质因子）、根据"三天打鱼两天晒网"的规则判断渔夫今天该干什么、韩信点兵、约瑟夫问题、数学黑洞等。

（3）位运算。位运算常用于析取或屏蔽某整数的一个或多个二进制位，拓展应用的典型例子是"判断谁是罪犯"，其融合了移位运算和位与运算。

（4）计数器。统计具有某一特征的元素个数，其应用范围不胜枚举。

（5）一个规则。凡希望通过函数运算得到多个新值，则该函数的形式参数必须使用指针型的。这是 C 语言函数参数类型的通行规则和要点。如 2.3.3 中的函数实例。

（6）两种理解。指针（链表）是 C 语言的难点、数据结构课程的基础。对实现指针移动和指针链接的几条赋值语句有两种理解方式。一种是从操作上看是赋值，从逻辑上看是指向；另一种是从右向左看是赋值，从左向右看是指向。例如：

① **p=head;**

理解成把 head 这个指针（地址）赋给变量 p；或者理解成 p 指向 head 指示的结点。

② **p=p->next;**

理解成把 p->next 所代表的地址赋值给变量 p；或者理解成 p 指向 p->next 所指示的结点；或者理解成 p 指向 p 的后继结点，即 p 后移。

③ **q=p->next;**

理解成把 p->next 所代表的地址赋值给变量 q；或者理解成 q 指向 p->next 所指示的结点；或者说 q 指向 p 的后继。

④ **p->next=p->next->next;**

理解成把 p->next->next 所代表的地址赋值给变量 p 的 next 域，覆盖了 p 的 next 域，即将 p 与 p 的后继的后继链接起来了，相当于删除了 p 原来的后继；或者理解成 p->next 指向了 p->next->next 所指示的结点；或者理解成 p->next 指向了 p 的后继的后继。

对于指针的赋值，大多数情况下，赋值号右边的指针理解成一个结点的地址，左边理解成一个指针变量或一个指针变量的 next 域；整条赋值语句理解成指针指向某一个结点。这样的理解似乎更形象。

2.4 EGE 图形编程

目前，常用的 C 语言编译器一般没有提供图形化函数库。第三方 C 语言图形库主要有 EGE、EasyX、OpenGL。对于 C 语言爱好者来说，可选择较简单的前两者之一来学习和使用。本书使用 EGE 图形库。

2.4.1 EGE 简介

EGE（Easy Graphics Engine）是 Windows 下的简易绘图库，是一个类似 BGI（graphics.h）的面向 C/C++语言新手的图形库，它的目标也是为了替代 TC（Turbo C，已淘汰）的 BGI 库而存在。

可以从 EGE 图形库主站 https://xege.org 的超链接中下载 ege19.01_all 版本。

对新手来说，它的使用简单、友好、容易上手、免费开源，而且因为接口意义直观，即使完全没有接触过图形编程的学习者，也能迅速学会基本的绘图。目前，EGE 图形库已经完美支持 VC6, VC2008, VC2010, C-Free, Dev-C++, Code::Blocks, wxDev, Eclipse for C/C++等 IDE，即支持使用 MinGW 为编译环境的 IDE。

2.4.2 配置 EGE

下载 ege19.01_all 后得到 ege19.01_all（支持 vc2017,devcpp5.11,codeblocks）.zip 压缩包文件，解压并选择 ege19.01_all（支持 vc2017,devcpp5.11,codeblocks）子文件夹，将其 include 文件夹下的所有文件复制到 CodeBlocks 的 MinGW\include 下，将 lib\vc2017\lib\x64 或 x86（这需根据你的 CodeBlocks 来选择）中的 graphics17.lib 文件复制到 CodeBlocks 的 MinGW\lib 下。

使用 EGE 图形库进行编程、编译、运行，还需对 CodeBlocks 进行配置。其配置分两步：

1. 添加库文件

点击 CodeBlocks 的 "project\Build options…" 菜单项或者是 "Settings\Compiler…" 菜单项，在弹出的窗口中点击 "Linker settings" 选项卡，再点击 "Link libraries: " 下面的 "Add" 按钮，通过"Add"按钮把 CodeBlocks 编译器目录 C:\Program Files (x86)\CodeBlocks\MinGW\lib 中的 8 个文件 "libgraphics.a"、"libgdi32.a"、"libimm32.a"、"libmsimg32.a"、"libole32.a"、"liboleaut32.a"、"libwinmm.a"、"libuuid.a"添加到编译器中。

2. 添加链接项

继续在右边 "Other linker options:" 下方的文本框中输入 "-mwindows"；最后，点击 OK 按钮，完成 CodeBlocks 链接器的设置。

经历上面两步设置之后，配置结果如图 2.9 所示。

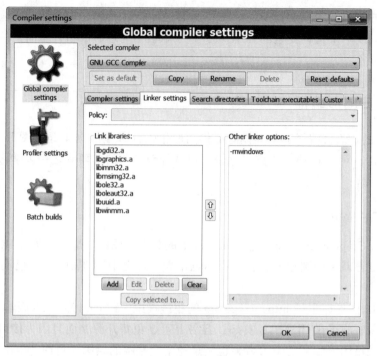

图 2.9　图形程序配置结果图

打开 CodeBlocks 新建一个 Console 项目（务必选择 C++），将下述代码复制、粘贴到项目的 main.cpp 中。

```cpp
#include <graphics.h>
int main()
{
    initgraph(640, 480);     //①
    setbkcolor(RGB(0xff,0xff,0xff));//设置屏幕背景色为白色
    setfontbkcolor(RGB(0x88, 0x88, 0x88));//设置文字背景色为灰色
    setfont(24, 0, "宋体");//设置 24 号宋体字
    setcolor(EGERGB(0x0, 0xFF, 0x0));//设置绘图色为绿色
    outtextxy(0, 0, "白底绿字");//在坐标(0,0)处输出汉字
    setbkmode(TRANSPARENT);//设置背景透明模式。OPAQUE 不透明
    setcolor(BLUE);//设置前景色为蓝色
    outtextxy(0, 50, "透明蓝色字");//在坐标(0,50)处输出透明汉字
    setcolor(RED );//设置前景色为红色
    outtextxy(0, 100, "Hello");//在坐标(0,100)处输出英文
    getch();          //②
    closegraph(); //③
    return 0;
}
```

编译运行上面的程序，看看是否能得到满意的结果。

上面的 main()中，注释①③处的两行是每一个图形化程序必须的语句。

2.4.3 建立图形化模版

将前面配置好的工程通过菜单项 "File\Save project as template…" 保存为 "Graphics Template" 图形工程模板。因为每一个图形化程序都需要进行类似的编译、链接设置，所以我们可以将这个工程保存为模板，从而方便以后的使用。但是，不能直接将其设置为默认编译模式，若这样的话，以后所有的程序都会按照 EGE 程序的方式编译，这会出错的。因为非图形化程序不能按图形化程序的规则进行编译。

以后需建立图形化工程，则可以通过 "File\New\From template…" 菜单项打开 "New from template" 窗口，再选择左侧的 "User templates" 关联到右侧的 "Graphics Template" 来建立工程。按照这种方式建立工程后，只需删除 main.cpp 中的具体内容，再重新编辑就可以了。

2.4.4 图形绘制实例

在计算机的显示器上，其坐标原点在屏幕的左上角且只有正向轴，因而与数学上的数轴存在很大差异。因此，在进行图形绘制时需要经数学坐标向计算机显示器坐标的转换。

例如，绘制一个旋转的五角星，其设计思路是怎样的呢？

先来看如何绘制一个静态的五角星图形。

我们知道：五角星由 5 条线段首尾相连构成（5 个顶点均匀地分布在其外接圆上）、每条边包含两个端点，求得了一条边上两个端点的坐标，根据画线函数就可绘制线段。但问题的关键演变成了求两个端点的坐标，这可以通过数学知识得到，如图 2.10 所示。

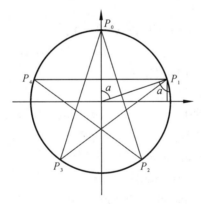

图 2.10　五角星及坐标关系

在图 2.10 中，假定 a_i 是 OP_0 与 OP_i 的夹角。所以：

$x_i = r*\sin(a_i)$;

$y_i = r*\cos(a_i)$;

其中，$a_i = 360/5*i$，转换成弧度就是 $360*i*PI/(5*180)$，即是 $2*i*PI/5$。所以 5 个顶点的坐标依次是：

$x_0 = r*\sin(0)$;　　　　　$y_0 = r*\cos(0)$;

$x_1 = r*\sin(2*PI/5)$;　　　$y_1 = r*\cos(2*PI/5)$;

$x_2 = r*\sin(4*PI/5)$;　　　$y_2 = r*\cos(4*PI/5)$;

$x_3 = r*\sin(6*PI/5);$ $y_3 = r*\cos(6*PI/5);$

$x_4 = r*\sin(8*PI/5);$ $y_4 = r*\cos(8*PI/5);$

这 5 个顶点的坐标是数学坐标，还需加上圆心坐标，才能得到它们在显示器上的可见坐标。若(c_x, c_y)是圆心坐标，结合画线函数就是：

$$line(c_x+x_0, c_y+y_0, c_x+x_2, c_y+y_2);$$
$$line(c_x+x_0, c_y+y_0, c_x+x_3, c_y+y_3);$$
$$line(c_x+x_1, c_y+y_1, c_x+x_4, c_y+y_4);$$
$$line(c_x+x_1, c_y+y_1, c_x+x_3, c_y+y_3);$$
$$line(c_x+x_2, c_y+y_2, c_x+x_4, c_y+y_4);$$

当然，三角函数运算的结果是浮点数，所以，使用画线函数前需对坐标值进行四舍五入和取整运算。这里的坐标单位是像素。

要使得这个五角星动起来，可以让它绕圆心旋转，实现方法是：先涂掉当前的五角星，再在下一位置绘制一个新的五角星，且暂停一段时间。再重复前面的操作，则可得到一个动画的五角星。

具体程序如下：

```cpp
//demo2_5_1.cpp
#include <graphics.h>
#include<math.h>
#include<conio.h>
void drawWJX()
{
    int x0, x1, x2, x3, x4, y0, y1, y2, y3, y4, i = 0;
    while(!kbhit()){                      //若没有按下任何按键，则循环
        setlinestyle(PS_SOLID, 1);
        setcolor(WHITE);
        circle(300, 250, 200);            //圆心是（300，250），半径是 200
        double delta= i*PI/30;            //每次旋转的角度
        x0 = round((200 * sin(delta)));
        y0 = round((200 * cos(delta)));
        x1 = round((200 * sin(delta + 2 * PI / 5)));
        y1 = round((200 * cos(delta + 2 * PI / 5)));
        x2 = round((200 * sin(delta + 4 * PI / 5)));
        y2 = round((200 * cos(delta + 4 * PI / 5)));
        x3 = round((200 * sin(delta + 6 * PI / 5)));
        y3 = round((200 * cos(delta + 6 * PI / 5)));
        x4 = round((200 * sin(delta + 8 * PI / 5)));
        y4 = round((200 * cos(delta + 8 * PI / 5)));
        setcolor(RED);
        line(300 + x0, 250 + y0, 300 + x2, 250 + y2);
```

```
        line(300 + x0, 250 + y0, 300 + x3, 250 + y3);
        line(300 + x1, 250 + y1, 300 + x4, 250 + y4);
        line(300 + x1, 250 + y1, 300 + x3, 250 + y3);
        line(300 + x2, 250 + y2, 300 + x4, 250 + y4);
        Sleep(100);         i++;
        cleardevice( );        //库函数，清理原有内容
    }
}
int main()
{
    initgraph(640, 480);
    drawWJX();
    closegraph();
    return 0;
}
```

上面的代码中，表示坐标的 p_i（x_i，y_i）也可以使用数组进行存储，5 条画线函数也可以用一个一重循环实现。drawWJX( )、main( )函数展示了进行图形绘制的基本步骤。

下面是该问题的实现算法，如图 2.11 所示。

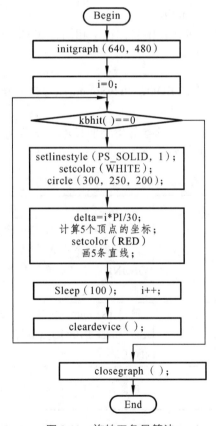

图 2.11　旋转五角星算法

在上面的 drawWJX()函数中，计算得到了 5 个顶点的坐标，也可以使用画多边形的函数 drawpoly(int,int*)来绘制五角星（五角星也是一个正五边形）。

2.5　声音文件播放

在 C 语言程序之中，可以使用 Windows API 进行 wav、mp3、midi 等声音文件的播放。

2.5.1　WAV 文件播放

1. 添加相关头文件和库文件

在 C 语言程序中进行 WAV 声音文件的播放需要导入相关的头文件，具体如下：

#include<windows.h>

#include<mmsystem.h>

还需通过 CodeBlocks 的菜单项"Settings\Compiler…"打开"Global compiler settings"窗口，选择"Linker settings"选项卡，通过"Add"按钮把"MinGW\lib\libwinmm.a"库文件添加到"Link libraries:"下面的列表框中（与配置 EGE 图形库链接的方式相同）。

需要注意的是上面两个头文件的包含有严格的次序、不能颠倒。

在 CodeBlocks 中添加库文件"MinGW\lib\libwinmm.a"的步骤必不可少。有的 IDE 软件是通过在程序的开头添加预处理指令来加载该库文件，方法是：

#pragma　comment(lib,"winmm.lib")

可能库文件 winmm.lib 在不同 IDE 中名称也不相同，在 CodeBlocks 中是 libwinmm.a。

2. PlaySound 播放函数

PlaySound 播放函数的原型是 BOOL PlaySound(LPCSTR pszSound, HMODULE hmod, DWORD fdwSound)。

该函数属于 Windows API 函数，其参数类型明显不同于普通 C 语言函数，但可以从通俗的角度来理解。各参数的含义见表 2-1、2-2。

表 2-1　PlaySound 函数参数说明表

参　　数	含　　义	功能说明
LPCSTR pszSound	指定了要播放声音的字符串	可以是 Wave 文件的名字（常用），或是 WAV 资源的名字，或是内存中声音数据的指针，或是在系统注册表 WIN.INI 中定义的系统事件声音。如果该参数为 NULL 则停止正在播放的声音
HMODULE hmod	应用程序的实例句柄	除非 pszSound 指向一个资源标识符（即 fdwSound 被定义为 SND_RESOURCE），否则必须设置为 NULL（常用 NULL）
DWORD fdwSound	播放模式的组合	控制如何播放声音。各模式常量可以使用位或运算连接

PlaySound 播放函数的第 3 个参数是播放模式的组合值，各模式的含义见表 2-2。

表 2-2 fdwSound 各模式值含义

模式常量值	功能含义
SND_APPLICATION	用应用程序指定的关联来播放声音
SND_ALIAS	pszSound 参数指定了注册表或 WIN.INI 中的系统事件的别名
SND_ALIAS_ID	pszSound 参数指定了预定义的声音标识符
SND_ASYNC	用异步方式播放声音，PlaySound 函数在开始播放后立即返回
SND_FILENAME	pszSound 参数指定了 WAVE 文件名
SND_LOOP	重复播放声音，必须与 SND_ASYNC 标志一起使用
SND_MEMORY	播放载入到内存中的声音，此时 pszSound 是指向声音数据的指针
SND_NODEFAULT	不播放缺省声音，若无此标志，则 PlaySound 在没找到声音时会播放缺省声音
SND_NOSTOP	PlaySound 不打断原来的声音播出并立即返回 FALSE
SND_NOWAIT	如果驱动程序正忙则函数就不播放声音并立即返回
SND_PURGE	停止所有与调用任务有关的声音。若参数 pszSound 为 NULL，就停止所有的声音，否则，停止 pszSound 指定的声音
SND_RESOURCE	pszSound 参数是 WAVE 资源的标识符，这时要用到 hmod 参数
SND_SYNC	同步播放声音，在播放完后 PlaySound 函数才返回

3. 声音播放实例

① 例 1。

PlaySound("C:\\Windows\\Media\\tada.wav", NULL, SND_FILENAME | SND_ASYNC);
system("pause");

意思是以异步的方式播放用文件名指定的声音文件。但一般会在 PlaySound 函数调用后跟上 system("pause");，才能听到真正的音乐。因为播放模式"SND_ASYNC"是异步播放，是指开始播放后立即返回，导致实际上听不到音乐声。

② 例 2。

PlaySound("C:\\Windows\\Media\\tada.wav",NULL, SND_LOOP |SND_ASYNC);
system("pause");
意思是循环播放指定的声音文件。

③ 例 3。

PlaySound("C:\\Windows\\Media\\tada.wav",NULL, SND_SYNC);
意思是同步播放指定的声音文件，播放结束才执行后面的其他语句。

④ 例 4。

PlaySound("C:\\Windows\\Media\\tada.wav",NULL, SND_LOOP |SND_SYNC);
该例子实际上仅播放一次指定文件，并不能循环播放。

2.5.2 MP3 文件播放

使用 mciSendString 函数播放 mp3 文件，包含头文件、设置链接库与播放 WAV 声音文件是一致的，同样可能需要加上编译预处理指令#pragma comment(lib, "libwinmm.a")。

（1）以下语句可以循环播放背景音乐。

mciSendString("open d:\\background.mp3 alias bkmusic",NULL,0,NULL);

mciSendString("play bkmusic repeat" ,NULL,0,NULL);

其中，alias 是别名的意思，也可以不为音乐文件指定别名，而直接使用物理文件名。

（2）以下语句可以播放一次音乐。

mciSendString("open d:\\Jump.mp3 alias jpmusic",NULL,0,NULL);

mciSendString("play jpmusic" ,NULL,0,NULL);

（3）如果需要多次播放同一音乐，则需要先关闭再打开播放。

mciSendString("close jpmusic" ,NULL,0,NULL);   //关闭

mciSendString("open d:\\Jump.mp3 alias jpmusic",NULL,0,NULL); //打开

mciSendString("play jpmusic" ,NULL,0,NULL);   //播放

其中，alias 是为声音文件设置别名。

下面的程序是一个显示背景图、小鸟动画、播放 mp3 音乐的实例。

```cpp
//demo2_6.cpp
#include <graphics.h>
#include <conio.h>
PIMAGE img_bk,img_bd1,img_bd2;
int bird_x, bird_y;
void startup( )
{
    initgraph(350, 600);
    img_bk=newimage();
    img_bd1=newimage();
    img_bd2=newimage();
    getimage(img_bk, "D:\\background.jpg");
    getimage(img_bd1, "D:\\bird2.jpg");
    getimage(img_bd2, "D:\\bird2.jpg");
    bird_x = 50;    bird_y = 200;

    mciSendString("open D:\\background.mp3 alias bkmusic", NULL, 0, NULL);
    mciSendString("play bkmusic repeat", NULL, 0, NULL);
}
void show( )
{
    putimage(0, 0, img_bk); //在坐标(0,0)处显示背景
    putimage(bird_x, bird_y, img_bd1,NOTSRCERASE); //显示小鸟
    putimage(bird_x, bird_y, img_bd2,SRCINVERT);

    Sleep(50);
```

```c
}
void updateWithoutInput( )
{
    if (bird_y<500)            bird_y = bird_y+3;
}
void updateWithInput( )
{
    char input;
    if(kbhit( ))      //判断是否有键盘输入
    {
        input = getch();
        if (input == ' ' && bird_y>20)
        {
            bird_y = bird_y - 60;
            mciSendString("close jpmusic", NULL, 0, NULL);
            mciSendString("open D:\\Jump.mp3 alias jpmusic", NULL, 0, NULL);
            mciSendString("play jpmusic", NULL, 0, NULL);
            //PlaySound("d:\\tada.wav", NULL, SND_FILENAME | SND_ASYNC);
        }
        else if(input=='\r') {exit(0);}
    }
}
void gameover( )
{
    getch();
    closegraph( );
}
int main( )
{
    startup( );                 //数据初始化
    while (1)                   //游戏循环执行
    {
        show();                 //显示画面
        updateWithoutInput( );  //与用户输入无关的更新
        updateWithInput( );     //与用户输入有关的更新
    }
    gameover( );                //游戏结束
    return 0;
}
```

2.5.3 MIDI 文件播放

直接使用下面的例子来说明操作步骤。

```cpp
//demo2_7.cpp
#include"windows.h"
#include<mmsystem.h>
#pragma    comment(lib,"libwinmm.a")
int main(){
    MCI_OPEN_PARMS OpenParms;
    OpenParms.lpstrDeviceType = (LPCSTR) MCI_DEVTYPE_SEQUENCER;
    OpenParms.lpstrElementName = (LPCSTR)
    "c:\\windows\\media\\flourish.mid";
    OpenParms.wDeviceID = 0;
    mciSendCommand(     NULL, MCI_OPEN,
                        MCI_WAIT | MCI_OPEN_TYPE |
                        MCI_OPEN_TYPE_ID | MCI_OPEN_ELEMENT,
                        (DWORD)(LPVOID) &OpenParms
                );     //打开设备
    MCI_PLAY_PARMS PlayParms;
    PlayParms.dwFrom = 0;
    mciSendCommand(     OpenParms.wDeviceID, MCI_PLAY,
                        MCI_FROM, (DWORD)(LPVOID)&PlayParms
                );     //播放
    system("pause");
    return 0;
}
```

要播放不同的 MIDI 文件，只需修改其中的物理文件即可。

第 3 章 软件工程初步

　　编写程序的基本步骤依次是分析问题、设计算法、编码、编译、链接、运行。进行项目开发则复杂得多，必须遵循一定的规范，这就涉及到软件工程的基本理论了。

　　软件的开发需要经历如下阶段：问题定义、可行性研究、需求分析、总体设计、详细设计、编码、单元测试和综合测试、软件维护等。

　　通过本章的学习，应该对软件开发过程有一个大致的认识，能了解各阶段的工作内容。

3.1　软件工程概述

　　从 20 世纪 60 年代中期到 20 世纪 70 年代中期是计算机发展的第二个阶段，此阶段的特点是：硬件环境相对稳定，出现了"软件作坊"的开发组织形式，人们开始广泛使用产品软件（自研或购买），从而建立了软件的概念。随着计算机技术的发展和计算机应用的日益广泛，软件系统的规模越来越庞大，高级编程语言层出不穷，应用领域不断拓宽，开发者和用户有了明确的分工，社会对软件的需求与日俱增。但软件开发技术没有重大突破，软件产品的质量不高，生产效率低下，从而导致了"软件危机"的产生。"软件工程"这个名词开始出现，一门新兴的工程学科就此诞生。

　　概括地说，软件工程是指导计算机软件开发和维护的一门工程学科。采用工程的概念、原理、技术和方法来开发与维护软件，把经过时间检验、证明正确的管理技术和当前能够得到的最好的技术和方法结合起来，经济且高效地开发出高质量的软件并有效维护，这就是软件工程。

　　人们曾经给软件工程下过许多定义，尽管不同的定义使用了不同的词句，强调的重点也有差异。但是意思大同小异，体现了以下共同特性。

　　（1）软件工程关注大型程序的构造。

　　（2）软件工程的中心课题是控制复杂性。

　　（3）软件经常变化。

　　（4）开发软件的效率非常重要。

（5）团结协作是开发软件的关键。

（6）软件必须有效地支持它的用户。

（7）在软件工程领域中通常由技术人员给应用人员创造产品。

自从正式提出并使用了"软件工程"这个术语以来，研究软件工程的专家们陆续提出了许多关于软件工程的准则或"信条"。其中，著名的7条原理如下：

（1）用分阶段的生命周期严格计划和管理。这条原理意味着应该把软件生命周期划分成若干个阶段并对应地制定出切实可行的计划，然后严格按照计划对软件的开发与维护进行管理。

（2）坚持进行阶段评审。在每个阶段进行严格的评审，以便尽早发现软件开发过程中所犯的错误，这是一条必须遵守的重要原则。

（3）实行严格的产品控制。在软件开发过程中不应随意改变需求，因为改变一项需求往往需要付出较高的代价。但是，在软件开发过程中改变需求又是难免的，只能依靠科学的产品控制技术来顺应这种需求。也就是说，当改变需求时，为了保持软件各个配置成分的一致性，必须实行严格的产品控制。

（4）采用现代程序设计技术。实践表明，采用先进的技术不仅可以提高软件开发和维护的效率，而且可以提高软件产品的质量。

（5）结果应能清楚审查。为了提高软件开发过程的可见性，更好地进行管理，应该根据软件开发项目的总目标及完成期限，规定开发组织的责任和产品标准，从而使得结果能够清楚地审查。

（6）开发小组的人员应该少而精。开发小组的人员素质和数量是影响软件产品质量和开发效率的重要因素。这条基本原理的含义是，软件开发小组的组成人员的素质应该好且人数不宜过多。

（7）承认不断改进软件工程实践的必要性。仅有上述6条原理不能保证软件开发和维护的过程能赶上时代的步伐、能跟上技术的不断进步。因此，按照这条基本原理，不仅要积极主动地采纳新的软件技术，而且要不断总结经验。

通常在软件生命周期全过程中使用的一整套技术、方法的集合称为方法学或范型，主要包括3个元素：方法、工具和过程。其中，方法是完成软件开发的各项任务的技术方法，回答"怎样做"的问题；工具是为运用方法而提供的自动化的或半自动化的软件工程支撑环境；过程是为了获得高质量的软件所需完成的一系列任务的框架，它规定了完成各项任务的工作步骤。

3.2 软件生命周期

概括地说，软件生命周期由软件定义、软件开发和运行维护（也称为软件维护）3个时期组成，每个时期又进一步划分成若干个阶段。

软件定义时期通常进一步划分成问题定义、可行性研究和需求分析3个阶段。

软件开发时期由4个阶段组成，分别为总体设计、详细设计、编码和单元测试、综合测试。

下面介绍软件生命周期中各个阶段的基本任务和常用方法。

3.2.1 问题定义

问题定义阶段必须回答的关键问题是：要解决的问题是什么。如果不知道问题是什么就试图解决这个问题，显然是盲目的，只会白白浪费时间和金钱，最终得出的结果很可能是毫无意义的。尽管确切地定义问题的必要性是十分明显的，但是在实践中它却可能是最容易被忽视的一个步骤。

通过问题定义阶段的工作，系统分析员应该提出关于问题性质、工程目标和规模的书面报告，通过对系统的实际用户和使用部门负责人的访问调查，分析员简明扼要地写出他对问题的理解，并在用户和使用部门负责人的会议上认真讨论这份书面报告，澄清含糊不清的地方，改正理解不正确的地方，最后得出一份双方都满意的文档。

问题定义阶段是软件生存周期中最简短的阶段，一般只需要一天甚至更少。

3.2.2 可行性分析

可行性研究的目的是确定问题是否值得去解决。怎样达到这个目的呢？要客观分析几种主要可能解法的利弊，从而判断原定的系统规模和目标是否现实，系统完成后所能带来的效益是否大到值得投资开发这个系统的程度。因此，可行性研究实质上是要进行一次大大压缩、简化了的系统分析和设计过程，也就是在较高层次上以较抽象的方式进行系统分析和设计的过程。

首先需要进一步分析和澄清问题定义。在问题定义阶段初步确定问题的规模和目标，如果是正确的就进一步加以肯定，如果有错误就应该及时改正。如果对目标系统有任何约束和限制，也必须把它们清楚地列举出来。

在澄清了问题定义之后，分析员应该导出系统的逻辑模型，然后从系统逻辑模型出发，探索若干种可供选择的主要解法（即系统实现方案）。对每种解法都应该仔细研究它的可行性，一般来说至少应该从以下 3 个方面研究每种解法的可行性。

（1）技术可行性。使用现有的技术能实现这个系统吗？

（2）经济可行性。这个系统的经济效益能超过它的开发成本吗？

（3）操作可行性。系统的操作方式在这个用户组织内行得通吗？

必要时还应该从法律、社会效益等更广泛的方面研究每种解法的可行性。当然，可行性研究最根本的任务是对以后的行动方针提出建议。如果问题没有可行的解法，分析员应该建议立即停止这项开发工程，以免时间、资源、人力和金钱的浪费；如果问题值得解，分析员应该推荐一个较好的解决方案，并且为工程制定一个初步的计划。

可行性研究需要的时间长短取决于工程的规模，一般来说，可行性研究的成本只是工程预期的 5%～10%。

3.2.3 需求分析

为了开发出真正满足用户需求的软件产品，首先必须知道用户的需求。对软件需求的深入理解是软件开发工作获得成功的前提条件，不论人们把设计和编码工作做得如何出色，不能满足用户需求的程序只会令用户失望，给开发者带来烦恼。

需求分析是软件定义时期的最后一个阶段，它的基本任务是准确地回答"系统必须做什么?"这个问题。

虽然在可行性分析阶段已经粗略地了解了用户的需求,甚至还提出了一些可行的方案,但是,可行性研究的基本目的是用较小的成本在较短的时间内确定是否存在可行的解法。因此,许多细节可能被忽略了。然而,最终的系统中却不能遗漏任何一个微小的细节。所以,可行性分析不能代替需求分析。

需求分析的任务还不是确定系统怎样完成它的工作,而仅仅是确定系统必须完成哪些工作,也就是对目标系统提出完整、准确、清晰、具体的需求。在需求分析结束前,系统分析员应该写出软件需求规格说明书,以书面形式准确地描述出软件需求。

需求分析的任务主要分为以下 4 类。

(1)确定系统的综合要求。

虽然功能需求是对软件系统的一项基本需求,但却并不是唯一的需求,通常对软件系统有以下八方面的综合要求。

① 功能需求。这方面的需求是指系统必须提供的服务。通过需求分析应该划分出系统必须完成的所有功能。

② 性能需求。性能需求是指系统必须满足的定时约束或容量约束,通常包括速度(响应时间)、信息量速率、主存容量、磁盘容量、安全性等方面的需求。

③ 可靠性和可用性需求。可靠性需求是指定量地确定系统的可靠性。可用性与可靠性密切相关,它量化了用户可以使用系统的程度。

④ 出错处理需求。这类需求说明系统对环境错误应该怎样响应。

⑤ 接口需求。接口需求描述应用系统与内部或外部环境通信的格式。常见的接口需求有用户接口需求、软件接口需求、硬件接口需求、通信接口需求等。

⑥ 约束。它包括设计约束和实现约束两种,描述了在设计或实现系统时应遵守的限制条件。在需求分析阶段提出这类需求,并不是要取代设计(或实现)过程,只是说明用户或环境强加给项目的限制条件。

⑦ 逆向需求。逆向需求说明软件系统不应该做什么。理论上有无限多个逆向需求,人们应该尽量选取能澄清真实需求且尽量消除可能引发误解的那些逆向需求。

⑧ 未来要求。应该明确地列出那些虽然不属于当前系统开发范畴,但需要为将来可能的扩充和修改预留"空间",以便一旦确定需要时能比较容易地进行这种扩充。

(2)分析系统的数据要求。

任何一个软件系统本质上都是信息处理系统,系统必须处理的信息和系统应该产生的信息在很大程度上决定了系统的面貌,对软件设计有深远影响。因此,必须分析系统的数据要求,这是软件需求分析的一个重要任务。

(3)导出系统的逻辑模型。

综合上述两项分析的结果可以导出系统的详细逻辑模型,通常用数据流图、实体-联系图、状态转换图、数据字典和主要的处理算法描述这个逻辑模型。

(4)修正系统开发计划。

根据在分析过程中获得的对系统更深入、更具体地了解,可以比较准确地估计系统的成本和进度,修正以前制定的开发计划。

3.2.4 总体设计

总体设计的基本目的是回答"概括地说，系统应该如何实现？"这个问题，因此总体设计又称为概要设计或初步设计。这个阶段的第一任务是理清组成系统的物理元素——程序、文件、数据库、人工过程和文档等，另一任务是设计软件的结构，也就是要确定系统由哪些模块组成以及这些模块间的相互关系。

总体设计过程通常由系统设计和结构设计两个主要阶段组成。系统设计阶段确定系统的具体实现方案；结构设计阶段确定软件结构。

典型的总体设计过程包括以下 9 个步骤。

（1）提供可供选择的方案。

（2）选取合理方案。

（3）推荐最佳方案。

（4）功能分解。

（5）设计软件结构。

（6）设计数据库。

（7）制定测试计划。

（8）书写文档。

（9）审查和复查。

总体设计的基本原理主要有抽象、模块化、逐步求精、信息隐藏和局部化以及模块独立。

抽象是人类在认识复杂现象的过程中使用的最强有力的思维工具，把现实世界中一定事物、状态或过程之间的相似方面集中概括起来，暂时忽略它们之间的差异，这就是抽象。

模块化就是把程序划分成独立命名且可独立访问的模块，每个模块完成一个子功能，把这些模块集成起来构成一个整体，可以完成指定的功能从而满足用户的需要。

求精可以帮助设计者在设计过程中逐步揭示出低层细节。

信息隐藏使得一个模块内包含的信息（过程和数据）对于不需要这些信息的模块来说，是不能访问的。

局部化是指把一些关系密切的软件元素物理地址放得彼此靠近，在模块中使用局部数据元素是局部化的一个例子。

模块独立的概念是抽象、模块化、信息隐藏和局部化概念的直接结果。

软件的结构可以由图形工具来描绘。最常用的图形工具有层次图、HIPO 图和结构图。

（1）层次图。

层次图用来描绘软件的层次结构。一个矩形框代表一个模块，方框间的连线表示调用关系。图 3.1 展示了第 11 章的"学生成绩管理"的层次图。

（2）HIPO 图。

HIPO 图是 IBM 公司发明的"层次图加输入/处理/输出图"。层次图加上编号称为 H 图，如图 3.2 所示。在层次图的基础上，除最顶层的方框之外，其余每个方框都加了编号。层次图中每一个方框都有一个对应的 IPO 图（表示模块的处理过程）。每张 IPO 图应增加的编号与其表示的层次图编号一致。IPO 图是输入/处理/输出图的简称。

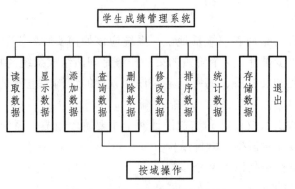

图 3.1　学生成绩管理的层次图

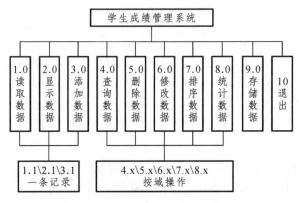

图 3.2　带编号的层次图（H 图）

（3）结构图。

结构图是 Yordon 提出的进行软件结构设计的工具。结构图和层次图类似，一个方框代表一个模块，方框内注明模块的名字或主要功能；方框之间的直线（箭头）表示模块的调用关系；用带注释的箭头表示模块调用过程中来回传递的信息，尾部空心表示传递的是数据，实心表示传递的是控制。如图 3.3 所示。

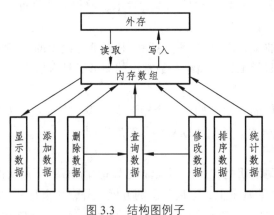

图 3.3　结构图例子

由此可见，总体设计阶段的软件结构描述还是比较繁琐的，常用项目功能结构图、项目操作流程图来简化描述过程。

3.2.5　详细设计

详细设计阶段的根本目标是确定应该怎样实现所要求的系统。也就是说，经过这个阶段的设计工作，应该得出对目标系统的精确描述，从而在编码阶段可以把这个描述直接翻译成某种程序设计语言书写的程序。

详细设计阶段的任务还不是具体地编写程序，而是要设计出程序的"蓝图"，以后程序员将根据这个蓝图编写实际的程序代码。因此，详细设计的结果基本上决定了最终的程序代码的质量。详细设计的目标不仅是逻辑上正确地实现每个模块的功能,更重要的是设计出的处理过程应该尽可能简明易懂。结构化程序设计技术是实现上述目标的关键，因此是详细设计的逻辑基础。

描述程序处理过程的工具称为过程设计工具,它们可以分为图形、表格和语言 3 种。不论是哪类工具，对它们的基本要求都是能提供对设计的无歧义描述，也就是应该能指明控制流程、处理功能、数据组织以及其他方面的实现细节，从而在编码阶段能把对设计的描述直接翻译成程序代码。简单地说就是算法描述。

3.2.6　编　码

这个阶段的关键任务是写出正确、容易理解、容易维护的程序代码。程序员应该根据目标系统的性质和实际环境，选取一种适当的高级程序设计语言，把详细设计的结果翻译成用选定的语言书写的程序，并仔细调试每一个模块。

编码时要注重编码规范，确保各模块的代码风格统一，并提高代码的可读性。

命名规范是编码规范的重要组成部分。匈牙利命名法是一种编程时的命名规范，其基本原则是：变量名=属性+类型+对象描述。其中每一对象的名称都要求有明确含义，并且符合标识符的命名要求，可以选取对象名字全称或名字的一部分（各组成单词的首字母大写），要基于容易记忆、容易理解的原则，保证名字的连贯性。

3.2.7　测　试

什么是测试？它的目标是什么？G.Myers 给出了关于测试的一些规则,这些规则也可以看作是测试的目标或定义。

（1）测试是为了发现程序中的错误而执行程序的过程。

（2）好的测试方案是尽可能发现迄今为止尚未发现的错误的测试方案。

（3）成功的测试是发现了至今为止尚未发现的错误的测试。

从上述规则可以看出,测试的正确性定义是"为了发现程序中的错误而执行程序的过程"。这和某些人通常想象的 "测试是为了表明程序是正确的"，"成功的测试是没有发现错误的测试"等是完全相反的。

正确认识测试的目标十分重要，测试目标决定了测试方案的设计。如果为了表明程序是正确的而进行测试就会设计一些不易暴露错误的测试方案；相反，如果测试是为了发现程序中的错误，就会力求设计出最能暴露错误的测试方案。

测试任何一种产品都有两种方法：如果已经知道了产品具有的功能，可以通过测试来检验是否每个功能都能正常使用；如果知道产品的内部工作过程，可以通过测试来检验产品内部动作是否按照规格说明书的规定正常进行。前一种方法称为黑盒测试，后一种称为白盒测试。

测试用例（TestCase）是为某个特殊目标而编制的一组测试输入、执行条件以及预期结果，以便测试某个程序路径或核实是否满足某个特定需求。测试用例设计和执行是测试工作的核心，也是工作量最大的任务之一。

在编写测试用例前，要根据需求规格说明书和设计说明书，详细了解用户的真正需求，并且对软件所实现的功能已经准确理解，然后着手制订测试用例。测试数据应该选用少量、高效的测试数据进行尽可能完备的测试。

测试用例通常包括以下 6 个方面的内容。

（1）序号（测试用例的编号）。

（2）测试项（欲测试的功能）。

（3）前提条件（该测试用例需要满足的预备条件）。

（4）操作步骤（应输入的数据和相应的操作处理）。

（5）预期结果（预期的输出结果或其他响应效果）。

（6）测试结果（测试结论为"通过"或"不通过"）。

测试主要包括以下 8 类。

（1）正确性测试。

输入用户实际数据以验证系统是否满足需求规格说明书的要求，测试用例中的测试点应首先保证要至少覆盖需求规格说明书中的各项功能，并且正常。

（2）容错性（健壮性）测试。

程序能够接收正确数据输入并且产生正确（预期）的输出。输入非法数据（非法类型、不符合要求的数据、溢出数据），程序应能给出提示并进行相应处理。把自己想象成一名对产品操作完全不懂的客户，再进行任意操作。

（3）完整（安全）性测试。

完整（安全）性指对未经授权的人使用软件系统或数据的企图，系统能够控制的程度，程序的数据处理能够保持外部信息（数据库或文件）的完整。

（4）接口间测试。

测试各个模块相互间的协调和通信情况，数据输入输出的一致性和正确性。

（5）压力测试。

输入 10 条记录、30 条记录、50 条记录进行测试，检验各项功能。

（6）性能。

完成预定的功能系统所需的运行时间（主要是针对数据库而言）。

（7）可理解（操作）性。

理解和使用该系统的难易程度（界面友好性）。

（8）可移植性。

在不同操作系统及硬件配置情况下的运行性。

测试方法包括以下 3 种：

（1）边界值分析法。

确定边界情况（刚好等于、稍小于、稍大于和刚刚大于等价类边界值），针对系统在测试过程中主要输入一些合法数据/非法数据，主要在边界值附近选取。

（2）等价划分。

将所有可能的输入数据（有效的和无效的）划分成若干个等价类。

（3）错误推测。

主要是根据测试经验和直觉，参照以往的软件系统出现错误之处进行错误的推断。

一个软件系统或项目共用一套完整的测试用例，整个系统测试完毕，将实际测试结果填写到测试用例中。操作步骤应尽可能详细，测试结论是指最终的测试通过或者不通过的结果。

3.2.8 维 护

维护阶段的关键任务是通过各种必要的维护活动使系统持久地满足用户的需要。通常有 4 类维护活动：改正性维护，即诊断和改正在使用过程中发现的软件错误；适应性维护，即修改软件以适应环境的变化；完善性维护，即根据用户的要求改进或扩充软件使它更完善；预防性维护，即修改软件，为将来的维护活动预先做准备。

每一项维护活动都应该准确地记录下来，并作为正式的文档资料加以保存。

第 4 章 基础题实例

任何一门课程，对其知识的理解是最基本的，深刻理解和熟练应用则是对学习知识的进一步要求，拓展创新则是升华。遵循循序渐进的原则。

通过本章的学习，应该对以下知识或问题有充分地认识、直至深刻理解、熟练运用、偶有创新。

（1）逻辑推理题的计算机解法。

（2）趣味数学问题。

（3）斐波那契数列。

（4）哈希函数。

4.1 逻辑推理

在计算机编程、公务员考试中经常出现逻辑推理题。通过计算机编程解答逻辑推理题的思路主要有两点：一是如何用算术表达式、逻辑表达式来描述文字表达的意思；二是使用枚举试探法寻找满足条件的答案。

以下面的两道题为例，讲述逻辑推理题的一般解法。

（1）谁做了好人好事。

六位同学中有人做了好人好事，但都非常谦虚、不愿承认。现通过询问、分析，得出如下结论：

① A、B 至少有 1 人参与了好人好事。

② A、E、F 3 人中至少有 2 人参与。

③ A、D 不可能同时参与。

④ B、C 或同时参与了，或与本件事无关。

⑤ C、D 中有且仅有 1 人参与。

⑥ 如果 D 没参与，则 E 也不可能参与。

请你帮忙进行推断：究竟哪些同学做了好人好事。

6 个人分别用 A、B、C、D、E、F（整型变量）表示，值为 1 表示参与了好人好事、为 0 表示没有参与，这 6 个变量只能取值为 0 或 1。6 句话分别用 6 个表达式描述就是：

```
int   s1,s2,s3,s4,s5,s6;
s1=A||B 或者写成  s1=(A+B>=1)
s2=(A+E+F>=2)
s3=(A&&D)==0
s4=(B&&C) ||(!B&&!C)
s5=(C&&!D) || (!C&&D)
s6=D || (!D&&!E)
s1+s2+s3+s4+s5+s6==6
```

方法一:

使用六重循环来实现。

```c
//demo4_1_1.c
#include<stdio.h>
#include<stdlib.h>
int   main(  )
{
    int   s1, s2, s3, s4, s5, s6;
    int   A, B, C, D, E, F;
    for(A=0;A<=1;A++)
    for(B=0;B<=1;B++)
    for(C=0;C<=1;C++)
    for(D=0;D<=1;D++)
    for(E=0;E<=1;E++)
    for(F=0;F<=1;F++)
    {
        s1=A||B;
        s2=(A+E+F>=2);
        s3=(A&&D)==0 ;
        s4=(B&&C) || (!B&&!C);
        s5=(C&&!D) || (!C&&D);
        s6=D || (!D&&!E);
        if(s1+s2+s3+s4+s5+s6==6)//隐性条件
        {
            if(A==0) printf("A 没参与\n"); else printf("A 参与了\n");
            if(B==0) printf("B 没参与\n"); else printf("B 参与了\n");
            if(C==0) printf("C 没参与\n"); else printf("C 参与了\n");
            if(D==0) printf("D 没参与\n"); else printf("D 参与了\n");
            if(E==0) printf("E 没参与\n"); else printf("E 参与了\n");
            if(F==0) printf("F 没参与\n"); else printf("F 参与了\n");
        }
```

```
    }
    return   0;
}
```

程序运行输出结果如图 4.1 所示。

图 4.1   程序 demo4_1_1 运行输出结果图

方法二：

一个二进制位对应一个学生、共需 6 个二进制位，每个二进制位既可以取值 1，也可以取值 0，6 位的二进制其值总共有 2^6 种组合，每种组合构成一个整数。问题演变成了从 2^6 个整数中找出满足条件的一个或多个整数。如何找出这样的整数呢？只需从每个整数中取出相应二进制位上的值，看看能否同时满足题目给定的所有条件。此时，问题的关键是如何从一个整数中析出各二进制位上的值，这可以通过位与运算和移位运算来实现。

图 4.2 表示十进制数 i=6 在内存中的二进制形式（某个二进制位的值为 1 代表参与了好人好事，图中假定 D、E 参与了）。

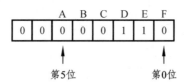

图 4.2   i=6 在内存中的二进制存储形式

若要取出第 2 位上的二进制值，则可以使用 (i&4)>>2 得到（或者是 (i>>2)&1）。即先将 i 与 $(100)_2$ 进行位与运算，从而仅保留第 2 个二进制位上的值，而屏蔽掉其他所有二进制位的值，再通过移位运算，将第 2 位的值移到第 0 位上，从而完成对第 2 位上二进制的析取。即是：0000 0110 & 0000 0100 得到 0000 0100，再 0000 0100>>2 得到 0000 0001。

```
//demo4_1_2.c
#include<stdio.h>
#include<stdlib.h>
int   main(   )
{
    int   s1, s2, s3, s4, s5, s6;
    int   A, B, C, D, E, F;
    int   i;
    for(i=0;i<=63;i++)
    {
```

```
            A=(i&32)>>5;
            /*或者 A=(i>>5)&1;即将 i 的第 5 位的值右移到第 0 位上再与 1 进行位与运算*/
            B=(i&16)>>4;          //或者 A=(i>>4)&1;
            C=(i&8)>>3;
            D=(i&4)>>2;
            E=(i&2)>>1;
            F=i&1;
            s1=A||B;
            s2=(A+E+F>=2);
            s3=(A&&D)==0 ;
            s4=(B&&C) || (!B&&!C);
            s5=(C&&!D) || (!C&&D);
            s6=D || (!D&&E);
            if(s1+s2+s3+s4+s5+s6==6)
            {
                if(A==0) printf("A 没参与\n"); else printf("A 参与了\n");
                if(B==0) printf("B 没参与\n"); else printf("B 参与了\n");
                if(C==0) printf("C 没参与\n"); else printf("C 参与了\n");
                if(D==0) printf("D 没参与\n"); else printf("D 参与了\n");
                if(E==0) printf("E 没参与\n"); else printf("E 参与了\n");
                if(F==0) printf("F 没参与\n"); else printf("F 参与了\n");
            }
        }
        return    0;
    }
```

上述两种解法，关键点都是描述 6 句话的 6 个表达式，循环体都是重复执行 64 次，因此效率是一样的。

（2）预测各项比赛冠军。

校田径运动会上，a、b、c、d、e 分别获得百米、四百米、跳高、跳远、三级跳冠军。

观众甲说：b 获得三级跳冠军，d 获跳高冠军。

观众乙说：a 获百米冠军，e 获跳高冠军。

观众丙说：c 获跳远冠军，d 获四百米冠军。

观众丁说：b 获跳高冠军，e 获三级跳冠军。

实际情况是每人说对了一半，请编程求出 a、b、c、d、e 各获哪项冠军。

这道题无论是在表达式描述上还是算法上，都与"谁做了好人好事"非常相似，仅仅 abcde 的取值范围不再是 0 或 1，而是 1~5（五个冠军假定分别用 1~5 的整数表示），且它还包含着一个隐性表达式 a*b*c*d*e=120，即 5 人取得不同项目的冠军。因此，可以仿照"谁做了好人好事"的第一种解法来解答。

```
//demo4_1_3.c
#include<stdio.h>
#include<stdlib.h>
int main( ){
    int a,b,c,d,e;
    int s1,s2,s3,s4;
    for(a=1;a<6;a++)
    for(b=1;b<6;b++)
    for(c=1;c<6;c++)
    for(d=1;d<6;d++)
    for(e=1;e<6;e++){
        s1=((b==5&&d==3)==0)&&((b==5||d==3)==1);
        s2=((a==1&&e==3)==0)&&((a==1||e==3)==1);
        s3=((c==4&&d==1)==0)&&((c==4||d==1)==1);
        s4=((b==3&&e==5)==0)&&((b==3||e==5)==1);
        if(s1+s2+s3+s4==4 && a*b*c*d*e==120)
            printf("%d\n%d\n%d\n%d\n%d\n",a,b,c,d,e);
    }
    return 0;
}
```

程序中的隐性表达式 "a*b*c*d*e==120" 也可以写成 "a+b+c+d+e==12"，表示这 5 个变量的取值各不相同。

运行程序 abcde 的值依次是 1、2、4、3、5，即 a 是百米冠军、b 是四百米冠军、c 是跳远冠军、d 是跳高冠军、e 是三级跳冠军。

类似的逻辑推理题还有：谁是最好的赛车手、四大湖排名问题、空调厂排名、这位老师教什么课、饭量大小、跳水排名等，它们都可以使用类似的算法来解答。

4.2 数字黑洞

数字黑洞是指某些数字经过一定的运算得到一个循环或确定的答案，比如黑洞数 6 174。随便选一个四位数，如 1 628，先把组成的 4 个数字从大到小排列得到 8 621，再把原数 1 628 的 4 个数字由小到大排列得到 1 268，用大的减小的即是：8 621-1 268=7 353。按上面的方法重复，由大到小排列 7 353，得到 7 533，由小到大排列得到 3 357，大减小即是 7 533-3 357=4 176；把 4 176 再重复一遍，得 7 641-1 467=6 174；再对 6 174 中 4 个数字组成的最大数和最小数相减仍低于 6 174。所以 6 174 就是一个黑洞数字。

该问题的程序如下：
```
//demo4_2.c
#include<stdio.h>
#include<stdlib.h>
```

```
//对 len 个数字组成的数组进行选择排序，得到非递减序列
void sort(int a[],int len){
    int minIndex,t,i,j;
    for(i=0;i<len-1;i++){
        minIndex=i;
        for(j=i+1;j<len;j++)
            if(a[minIndex]>a[j]) minIndex=j;
        if(minIndex!=i){
            t=a[minIndex];
            a[minIndex]=a[i];
            a[i]=t;
        }
    }
}
//将整数 x 的各位数字分离，存入数组 a 中
void split(int x,int a[],int *plen){
    *plen=0;
    while(x>0){
        a[(*plen)++]=x%10;
        x/=10;
    }
}
//求组成的最大值
int calMax(int a[],int len){
    int max= 0,i;
    for(i=0;i<len;i++)
        max=max*10+a[len-1-i];
    return max;
}
//求组成的最小值
int calMin(int a[],int len){
    int min= 0,i;
    for(i=0;i<len;i++)
        min=min*10+a[i];
    return min;
}
//将差插入集合 aSet 中，返回集合元素个数
int insertSet(int aSet[],int x,int setLen){
    aSet[setLen++]=x;
```

```
            return setLen;
    }
    //判断 x 是否已位于集合 aSet 中
    int isInSet(int aSet[],int x,int setLen){
        int i,flag=0;
        for(i=0;i<setLen;i++)
                if(aSet[i]==x) return 1;
        return flag;
    }
    int main(){
        int x=1628;
        int delta;
        int a[100],len=0;
        int aSet[100],aLen=0;
        int count=0;
        do{
            split(x,a,&len);
            sort(a,len);
            delta=calMax(a,len)-calMin(a,len);
            count++;
            if(isInSet(aSet,delta,aLen)==0){
                aLen=insertSet(aSet,delta,aLen);
                x=delta;
            }
            else break;
        }while(1);
        printf("\ncount=%d\nThe black-hole is %d\n",count,delta);
    }
```

类似的数字黑洞问题还有：

（1）任取一个数，相继依次写下它所含偶数的个数、奇数的个数与这两个数字的和，将得到一个正整数。对这个新的数再把它的偶数个数和奇数个数与其和拼成另外一个正整数，如此进行，最后必然停留在数 123。

如：所给数字 14741029，第一次计算结果 448，第二次计算结果 303，第三次计算结果 123。

（2）将三个数字的和乘以 2，得数作为重组三位数的百位数和十位数；将原数的十位数字与个位数字的和（若得两位数，再将数字相加得出和），作为新三位数的个位数。此后，再对重组的三位数重复这一过程，你将看到，必有一数落入陷阱。

如：任写一个数 843，按要求其转换过程是(8+4+3)×2=30，30 作新三位的百位、十位数。7（4+3=7）作新三位数的个位数。组成新三位数 307，重复上述过程，继续下去是 307→207→187→326→228→241→145→209→229→262→208→208→……结果，208 落入"陷阱"。

再如：411，按要求其转换过程是：411→122→104→104→……结果，104 落入了陷阱。

（3）假如将三位数按照下面的规则运算下去，同样会出现数字"陷阱"。若是 3 的倍数，便将该数除以 3；若不是 3 的倍数，便将各数位的数加起来再平方。

如：126。126→42→14→5^2（25）→7^2（49）→13^2（169）→16^2（256）→13^2（169）→16^2（256）……结果进入"169→256"的死循环，再也跳不出去了！

再如：368。结果是 1 进入了"黑洞"。

这些数字计算题，题意非常清晰，只需按序进行重复计算即可。主要涉及的有算术运算（尤其是模运算用于数字分离）、排序、判断集合中是否包含某个数。

4.3 斐波那契数列

斐波那契数列是一个经典的例子，很多问题都可以用类似于斐波那契数列的表达式进行描述。如"爬楼梯"。

楼梯有 n 级台阶，上楼可以一步上 1 阶，也可以一步上 2 阶，编程计算共有多少种不同的走法？

楼梯有一个台阶，只有一种走法（一步登上去）；两个台阶，有 2 种走法（一步上去，或分两次上去）；有 n 个台阶时，设有 count(n)种走法，最后一步走 1 个台阶，有 count(n-1)种走法；最后一步走 2 个台阶，有 count(n-2)种走法，可利用数学归纳法证明并得到表达式 count(n)=count(n-1)+count(n-2)。

```c
//demo4_3_1.c
#include<stdio.h>
int main( ){
    unsigned long count(int n);
    int n;
    unsigned long m;
    printf("请输入楼梯的阶数:");        scanf("%d",&n);
    m=count(n);
    printf("有%lu 种爬楼梯的方法\n",m);
    return 0;
}
unsigned long count (int n)
{
    unsigned long f;
    if(n==1)    f=1;
    else if(n==2)    f=2;
    else  f=count(n-1)+count(n-2);
    return(f);
}
```

也可以使用下面的递归函数：

```
unsigned long fib(int a,int b,int n)
{
    if(n==3) {      return a+b;    }
    return fib(b,a+b,n-1);
}
```
但是，递归解法"费时费力"，可以使用迭代或数组解法。
```
////demo4_3_2.c
#include <stdio.h>
unsigned long num[41]= {0};
int main( )
{
    int i,n;
    scanf("%d",&n);
    num[1]=1; num[2]=2;
    printf("---------------\n");
    for(i=3; i<=n; i++)
    {
        num[i]=num[i-1]+num[i-2];
        printf("%lu\n",num[i]);
    }
    return 0;
}
```

4.4 哈希函数

哈希存储又叫散列存储，是在数据和它的存储地址之间建立一种函数关系，这个函数就称为哈希函数。它是数据结构中的重要内容。但是，在 C 语言中也可以看到其影子、其应用。如统计字符串中各种数字字符和字母字符的个数、统计各成绩的人数、筛选法求素数、约瑟夫问题、红黑球如何放置等。

存储是进行所有运算的前提，优良的存储可以提高计算的效率。例如：

（1）筛选法求素数。

使用筛选法的前提是将整数 n 的状态存储在数组下标为 n 的位置（先假设都是素数）。即下标为 n 的位置存放整数 n 的状态。

本题算法的基本思路是：先将 2 的倍数都标记为非素数、再标记 3 的倍数都不是素数、再标记 5 的倍数都不是素数、7 的倍数、11 的倍数等（当然这些素数本身除外）。

具体代码如下：
```
//demo4_4.c  求 100 以内的所有素数
#include<stdio.h>
#include<stdlib.h>
```

```
#define N 100
int    main(  )
{
        int    i, j,count=0,a[N+1];        //为什么是 N+1？
        for(i=2;i<N+1;i++)    a[i]=1; //先假设全是素数
        for(i=2;i<N+1;i++) //i 的终值可缩小到多少？
            if(a[i]==1)       //先要判断 a[i]是否被筛选过了
            {
                j=i;
                for( j+=i; j<N+1; j+=i) a[j]=0;//使用加法实现倍数
            }
        for(i=2;i<N+1;i++)
            if(a[i]) //等价于 a[i]!=0
            {
                printf("%5d",i);
                count++;
                if(count%10==0) printf("\n");
            }
        return    0;
}
```

（2）求班级排名中成绩比我高的有多少人。

这里将成绩作为数组的下标，数组元素的值则表示该成绩的人数。只需将所有成绩扫描一遍就可统计出各个成绩的人数，再进行一遍扫描就可以得出比我得分高的人数。即问题的解答是使用一重循环来实现的，比使用二重循环的排序法效率高很多。具体代码如下：

```
//demo4_5.c，成绩比我高的有多少人？
#include<stdio.h>
int main(){
        int count[101]={0};//为什么是 101？
        int remain[101]={0};
        int score[50],len,t,i;//假定一个班最多 50 人，这个可调节
        printf("len=");scanf("%d",&len);
        printf("score:");
        for(i=0;i<len;i++)scanf("%d",&score[i]);
        for(i=0;i<len;i++)count[score[i]]++;//统计各分数的人数
        for(i=0;i<101;i++)
            if(count[i])printf("%d,%d\n",i,count[i]);//输出各分数的人数
        printf("-------------\n");
            t=len;
        for(i=100;i>=1;i--){//计算比某分高的人数
```

```
            remain[i-1]=remain[i]+count[i];
        }
        for(i=0;i<len;i++)//输出比某分高的人数
            printf("%d,%d\n",score[i],count[score[i]]);
    }
```
上面的程序代码中，后面两个 for 循环的功能需认真理解。

与本例类似的题目有：对全省的高考成绩进行一分一段统计。

第 5 章 电子时钟

随着社会的进步和科技的发展，电子钟表已成为人们生活中不可缺少的一部分，特别是在公共场所，如火车站、广场、教室等，它既是装饰也是工具，其用途不言而喻。

本章将向读者介绍电子时钟的设计和实现，模拟 Windows 桌面小工具库中自带的时钟。重点讲解其设计原理和实现方法，旨在引导读者熟悉 C 语言图形模式下（EGE）的编程，了解 EGE 图形库、数据描述、算法设计和实现等方面的知识。

通过本章的学习，应掌握如下知识：

（1）系统时间的获取、随机函数的使用。

（2）EGE 图形库的基本使用。

（3）延时器的使用。

5.1 需求分析

Windows 操作系统的小工具中有一个电子时钟，可以摆放在电脑桌面的任意位置，或者作为电脑的屏幕保护程序（如何制作电脑屏幕保护程序），能够为桌面增添几分情趣。

我们可以自制一个类似的电子时钟，它具有圆形或矩形的表盘，长短不一的时针、分针和秒针，具有表示时间间隔的刻度，各种表针依照系统时间、围绕中心点做圆周运动等，如同一个真实的刻度性电子钟表。可以充分发挥个人的想象力和创新意识，实现个性化的表盘、指针（对各指针进行美化装饰），可以有整点报时的语音或音乐、甚至闹钟设置等。

5.2 总体设计

设计并实现一个个性化的电子时钟，需要运用到第二章中的 EGE 图形编程和声音文件的播放、系统时间的获取、时分秒的分离、较为复杂的显示器坐标计算等知识。

5.2.1 功能描述

电子时钟主要由 5 个功能模块组成，如图 5.1 所示。

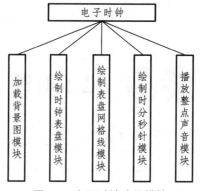

图 5.1　电子时钟功能模块

（1）加载程序背景图模块。

在程序运行窗口中加载并显示指定图像文件作为背景色。该图像文件的类型可以是 png、gif、bmp 等，其宽高不大于程序运行窗口的大小，其色彩最好是浅色，仅起到衬托的作用，不可喧宾夺主。当然，该模块也可以没有。

（2）绘制时钟表盘模块。

时钟表盘上主要有表示小时的 1 ～ 12 共十二个数字以及对应标记，表示分钟的刻度标记，表示本程序作者的文字标记，装饰表盘中央区域的若干个同心圆。这些都通过绘图函数、图形模式下的文本定位输出函数来实现。

（3）绘制时钟表盘网格线模块。

在表盘区域绘制一个相互交叉的网格，为单调的表盘增加一点艺术的气氛。这通过直线绘画函数来实现。

（4）绘制时分秒针模块。

这是整个项目的重点。要经过详细的计算得出每经历一秒后，当前的时分秒三个指针转过的角度，进而计算出时分秒针的坐标，再绘制表示指针的直线，同时要清理前一时间的直线，从而形成动画效果。

（5）播放整点声音模块。

当前时刻若是整点则播放相关声音，以此来增加时钟的趣味性。这通过声音播放函数来实现。这样的声音文件可以是 wav、mp3、midi 等格式，也可以是自己录制的语音，也可以给时钟增加背景音乐。

5.2.2　执行流程

电子时钟的执行流程如图 5.2 所示。

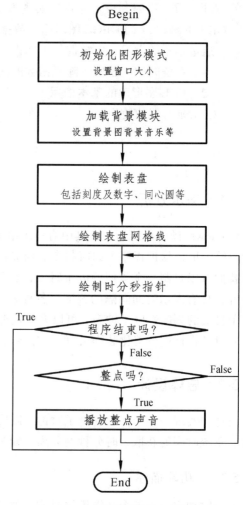

图 5.2　电子时钟执行流程

5.3 详细设计和编码

5.3.1 预处理命令和数据结构

程序中使用了 EGE 库函数、Windows API 函数和常规库函数等，具体包括图形图像的显示和绘制、声音播放、获取系统时间、数学函数、按键函数等。因此，包含头文件和宏定义如下：

#include<graphics.h>

#include <conio.h>

#include <windows.h>

#include<mmsystem.h>

#include<math.h>

#define PI 3.1415926

除了 PIMAGE、SYSTEMTIME，即包含图形图像指针和系统时间这两个数据类型外，不涉及其他复杂的数据结构。

5.3.2 加载和显示背景图像

加载和显示背景图像通过下面的自定义函数来实现。

void showBackImage(){

  PIMAGE img_bk=new image();

  getimage(img_bk, "background.jpg");

  putimage(0, 0, img_bk); //在坐标(0,0)处显示背景图像

}

上述函数中，这三条语句的功能分别是：创建 image 指针对象，建立图像文件 fileName 与图像对象间的映射，在指定坐标处显示图像指针所指示的对象（图形模式下的坐标以像素为单位）。

5.3.3 绘制时钟表盘

通过图形函数绘制如图 5.3 所示的表盘。

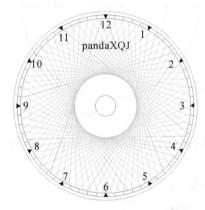

图 5.3　表盘样式图（含网格线）

在图 5.3 中除网格线外，包含 4 个同心圆（图中三大一小的圆）、12 个小实心三角形、1 ~ 12 共 12 个数字、60 个短线段（每小格表示 1 分钟或 1 秒的刻度）。重点是计算后 3 项对应的坐标，这涉及较复杂的数学计算。

假定圆心是（300，300）、4 个同心圆的半径分别是 270、260、250、30。

（1）绘制表示分钟或秒钟的小刻度。

在表盘外圈第二、第三个同心圆构成的圆环上，每个小弧段的角度大小是 6 度（分针或秒针每走过 1 小格，就转过了 6 度。即通过 360/60 来得到）。

若当前分针指示第 i 分钟（或秒钟），则转过的角度 a=6*i，即是 6*i* PI/180 弧度，也即是 i*PI/30 弧度。则此时的坐标计算关系如图 5.4 所示。

x=(int)(300+r*(sin(i*PI/30)));

y=(int)(300−r*(cos(i*PI/30)));

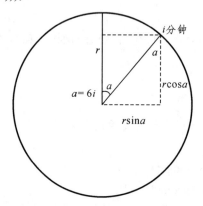

图 5.4   分钟或秒钟刻度的坐标计算

若一个小刻度的两个端点分别是 p_1、p_2，同时 p_1、p_2 也是该直线与两个大同心圆的交点。它们的坐标关系如图 5.5 所示。

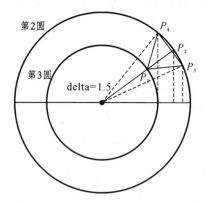

图 5.5 $p_1 p_2$ 线段与小三角形顶点的坐标关系

假设线段 $p_1 p_2$ 是第 i 秒钟时秒针指示的刻度，点 p_1、p_2 的坐标分别用(x1,y1)、(x2,y2)表示，则有：

x1=(int)(300+250*(sin(i*PI/30)));

y1=(int)(300−250*(cos(i*PI/30)));

x2=(int)(300+260*(sin(i*PI/30)));

y2=(int)(300-260*(cos(i*PI/30)));

再使用画线函数 line(x1,y1,x2,y2);，即可绘制出表示小刻度的短线段 p_1p_2。

（2）绘制表示整点标记的实心三角形。

为了突出整点时间（或者说 5 倍数分钟时刻），需要绘制 12 个实心三角形。画三角形（如 $\triangle p_1p_3p_4$）需要计算出三个顶点的坐标。这三个顶点分别位于表盘的第二和第三圆上，且第二个圆上有两个顶点。为简单起见，可以在 a 角度上加减 1.5 度来计算，如图 5.5 所示。

其计算方法如下：

```
for(i=0;i<60;i++){
    if(i%5==0){
        x3=(int)(300+sin((6*i+1.5)*PI/180)*260);
        y3=(int)(300-cos((6*i+1.5)*PI/180)*260);
        x4=(int)(300+sin((6*i-1.5)*PI/180)*260);
        y4=(int)(300-cos((6*i-1.5)*PI/180)*260);
    }
}
```

这样画出来的三角形可能大小不一，可以将四条赋值语句更改为下面的形式：

x3=(int)(x1+sin((i+5)*PI/30)*12);

y3=(int)(y1-cos((i+5)*PI/30)*12);

x4=(int)(x1+sin((i-5)*PI/30)*12);

y4=(int)(y1-cos((i-5)*PI/30)*12);

再使用函数绘制三角形即可。如：

int triangle[6]={x1,y1,x3,y3,x4,y4};

setcolor(BLACK);

fillpoly(3,triangle);   //绘制填充的多边形

（3）绘制 1～12 这十二个阿拉伯数字。

要在表盘上显示表示整点时间的 1～12 这十二个数字，也需要计算它们的坐标。这里使用如下方法：

x5=(int)(290+234*(sin((i-0.2)*PI/30)));

y5=(int)(290-234*(cos((i-0.2)*PI/30)));

再使用字体设置、文本输出函数：

setfont(24,0,"黑体");

outtextxy(x5,y5,iString);

将上面的三部分组织在函数 drawClockPlate()中，实现电子时钟的表盘绘制。具体函数如下。

```
void drawClockPlate()
{
    int i;
    int x1,y1,x2,y2,x3,y3,x4,y4,x5,y5;
```

```
char rome[][3]={ "12","1" ,"2" ,"3" ,"4" ,"5" ,"6" ,"7" ,"8" ,"9" ,"10","11" };
setcolor(LIGHTGRAY);
circle(300,300,270);
circle(300,300,260);
circle(300,300,250);        //外部 3 个较大的同心圆
circle(300,300,30);         //内部最小的同心圆
for(i=0;i<60;i++){
    setcolor(LIGHTGRAY);
    x1=(int)(300+(sin(i*PI/30)*250));
    y1=(int)(300-(cos(i*PI/30)*250));
    x2=(int)(300+(sin(i*PI/30)*260));
    y2=(int)(300-(cos(i*PI/30)*260));
    line(x1,y1,x2,y2);  //一条线段表示的小刻度
    if(i%5==0){
        x3=(int)(x1+sin((i+5)*PI/30)*12);
        y3=(int)(y1-cos((i+5)*PI/30)*12);
        x4=(int)(x1+sin((i-5)*PI/30)*12);
        y4=(int)(y1-cos((i-5)*PI/30)*12);
        x5=(int)(290+(sin((i-0.2)*PI/30)*234));
        y5=(int)(290-(cos((i-0.2)*PI/30)*234));
        int triangle[6]={x1,y1,x3,y3,x4,y4};
        setcolor(BLACK);
        fillpoly(3,triangle);//整点实心小三角形
        setbkmode(TRANSPARENT);     //设置背景透明
        setcolor(RED);                  //数字文本颜色
        setfont(24,0,"黑体");
        outtextxy(x5,y5,rome[i/5]);  //输出数字 i
    }
}
setcolor(BLUE);
setfont(32,0,"Calibri");
outtextxy(243,110,"PandaXQJ");
}
```

5.3.4 绘制表盘网格线

为增加表盘的美观性、避免单调，在第三和第四同心圆之间，绘制了网格线。实现函数如下：

```
void drawGridLine()
{
```

```
double i;
int x1,y1,x2,y2;
setcolor(RGB(250,225,222));
for(i=0;i<10*PI;i+=0.4){
    x1=(int)(300+(250*sin(2.4*i)));
    y1=(int)(300−(250*cos(2.4*i)));
    x2=(int)(300+(250*sin(2.4*(i+1))));
    y2=(int)(300−(250*cos(2.4*(i+1))));
    line(x1,y1,x2,y2);//网格线
    }
}
```

这些网格线在第四个圆外围绕成了一个圆，效果如图5.3所示。

5.3.5　绘制时分秒针直线

表示时针、分针、秒针的这三条直线的绘制及更新，是本程序的重点和最大难点。

1. 三条直线的绘制

三条直线相交于同心圆的圆心，为了体现这三条时间线的美观性，适当将它们的长度延长，更重要的是每经历1秒秒针转过的角度是多少？经历1秒、1分钟后分针和时针分别转过的角度是多少？简洁地说就是：当前时间是 hour 时 minute 分 second 秒时，时针、分针、秒针三条直线与12点之间的夹角分别是多少？这些角度的计算可以参考5.3.2节中的内容。

第 second 秒时，秒针形成的角度是 6*second 度，也就是 second*PI/30 弧度。这个很简单。

第 minute 分时，分针形成的角度等于分针单独的角度加上 second 秒转换成分钟的角度，因此，这个值应该是：6*minute+6*second/60，即 6*minute+second/10 度，也就是 minute*PI/30+second*PI/1800 弧度。

类似地，当前时间是 hour 时 minute 分 second 秒时，时针形成的角度就是 hour*PI/6+minute*PI/360+second*PI/1800 弧度。

再考虑时针线最短、最粗，分针线略长，秒针线最长、最细的特点，最后使用画线函数进行绘制。

函数的具体实现如下：

```
void drawPointerLine(int hour,int minute,int second)
{
    int xhour,yhour,xminute,yminute,xsecond,ysecond;
    xhour=(int)(130*sin(hour*PI/6+minute*PI/360+second*PI/1800));
    yhour=(int)(130*cos(hour*PI/6+minute*PI/360+second*PI/1800));
    xminute=(int)(180*sin(minute*PI/30+second*PI/1800));
    yminute=(int)(180*cos(minute*PI/30+second*PI/1800));
    xsecond=(int)(240*sin(second*PI/30));
    ysecond=(int)(240*cos(second*PI/30));
```

```
    //设置时针线宽、颜色、起止坐标
    setlinestyle(PS_SOLID,0,1,NULL);
    setcolor(LIGHTGRAY);
    line(300+xhour,300-yhour,300-xhour/6,300+yhour/6);
    //设置分针线宽、颜色、起止坐标
    setlinestyle(PS_SOLID,0,1,NULL);
    setcolor(RGB(222,158,107));
    line(300+xminute,300-yminute,300-xminute/4,300+yminute/4);
    //设置秒针线宽、颜色、起止坐标
    setlinestyle(PS_SOLID,0,1,NULL);
    setcolor(RGB(100,100,250));
    line(300+xsecond,300-ysecond,300-xsecond/3,300+ysecond/3);
    //三条线的交点（圆心）用一个半径很小的圆表示，这里设置半径为 2 像素
    setcolor(LIGHTGRAY);
    setlinestyle(PS_SOLID,0,3,NULL);
    circle(300,300,2);  //小圆
}
```

2. 三条直线的重绘（更新）

三条直线的重绘通过使用设置绘画模式、延迟、调用画线函数三步来实现，放在主函数之中。

```
setwritemode(R2_XORPEN);        //设置异或绘图模式
Sleep(1000);
drawPointerLine(t.wHour,t.wMinute,t.wSecond);
```

5.3.6 声音播放

为增加电子时钟的趣味性和逼真性，在整点（或分钟是 5 的倍数）时刻进行相应声音的播放。这主要通过判断语句和声音播放函数来实现。声音函数的使用可参照第二章的相关内容。

```
void voicePlay(SYSTEMTIME t){
    mciSendString("close jpmusic" ,NULL,0,NULL);      //须先关闭声音再播放
    if( t.wSecond%5==0){//每隔 5 秒播放一次
        mciSendString("open d:\\Jump.mp3 alias jpmusic",NULL,0,NULL);
        mciSendString("play jpmusic" ,NULL,0,NULL);
    }
}
```

若将其中的 if 语句改成 if(t.wMinute==0 && t.wSecond==0)则可实现整点播放。

上面的声音文件使用的是*.mp3 文件，若要使用*.wav 文件，可将声音播放的几条相关语句替换成类似如下语句。

PlaySound("d:\\tada.wav", NULL, SND_FILENAME | SND_ASYNC);

且可实现 wav 声音的同步播放。

5.3.7　main 函数的实现

main 函数负责将前面的各个自定义函数进行有机地组合，实现电子时钟的绘制及更新。具体代码如下。

```
int main(void)
{
    initgraph(600,600);
    setbkcolor(RGB(255,255,255));//RGB(245,247,222)
    showBK();
    //cleardevice();
    drawGridLine();
    drawClockPlate();
    setwritemode(R2_XORPEN);
    SYSTEMTIME t;
    while(!kbhit()){    //按下任意键中止显示
        GetLocalTime(&t);
        voicePlay(t)    //声音的同步播放
        drawPointerLine(t.wHour,t.wMinute,t.wSecond);//初始
        Sleep(1000);
        drawPointerLine(t.wHour,t.wMinute,t.wSecond);//重绘
    }
    //system("pause");
    closegraph();
    return 0;
}
```

5.4　测　试

程序运行效果如图 5.6 所示。

在绘制表盘的刻度、三角形、表示时分秒针三条直线的过程中，涉及绘图笔模式、线型、绘图色的设置，也就是函数 setwritemode(int mode)、setlinestytle()、setcolor()的使用。它们的参数设置非常关键，否则会得不到需要或理想的效果。

（1）setwritemode(int mode)函数。

其作用是设置绘图时二元光栅操作模式，参数 mode 的取值和含义见表 5-1。

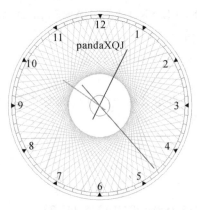

图 5.6　电子时钟运行效果图

表 5-1　mode 取值及含义

mode 常量	含　义
R2_BLACK	像素颜色 = 黑色
R2_COPYPEN	像素颜色 = 当前颜色（默认值）
R2_MASKNOTPEN	像素颜色 = 屏幕颜色 AND (NOT 当前颜色)
R2_MASKPEN	像素颜色 = 屏幕颜色 AND 当前颜色
R2_MASKPENNOT	像素颜色 = (NOT 屏幕颜色) AND 当前颜色
R2_MERGENOTPEN	像素颜色 = 屏幕颜色 OR (NOT 当前颜色)
R2_MERGEPEN	像素颜色 = 屏幕颜色 OR 当前颜色
R2_MERGEPENNOT	像素颜色 = (NOT 屏幕颜色) OR 当前颜色
R2_NOP	像素颜色 = 屏幕颜色
R2_NOT	像素颜色 = NOT 屏幕颜色
R2_NOTCOPYPEN	像素颜色 = NOT 当前颜色
R2_NOTMASKPEN	像素颜色 = NOT (屏幕颜色 AND 当前颜色)
R2_NOTMERGEPEN	像素颜色 = NOT (屏幕颜色 OR 当前颜色)
R2_NOTXORPEN	像素颜色 = NOT (屏幕颜色 XOR 当前颜色)
R2_WHITE	像素颜色 = 白色
R2_XORPEN	像素颜色 = 屏幕颜色 XOR 当前颜色

　　在上面的表格中涉及位运算 AND、OR、NOT、XOR，即位与、位或、位非、位异或。因此，使用 setwritemode()后，绘制出的图形颜色与使用 setcolor()指定的颜色很可能是不一致的，因为颜色经历了相应的位运算。

　　使用 setwritemode(int mode)函数设置的二元光栅操作码仅影响线条和填充(包括 IMAGE 填充) 的输出，不影响文字和 IMAGE 的输出。

　　（2）setlinestyle（int linestyle, unsigned int pattern,int width）函数。

　　其作用是定义所画直线的风格。linestyle、width 为整型，意思是设置线型、线宽；pattern 为无符号整型,如果是使用系统预定义的线型则参数取值为 0,linestyle 的取值及含义见表 5-2。

表 5-2 linestyle 的取值及含义

linestyle 常量	取值	含义
SOLID_LINE	0	实线
DOTTED_LINE	1	点线
CNTER_LINE	2	中心线
DASHED_LINE	3	虚线
USERBIT_LIN	4	用户自定义线型

width 是线宽，缺省值为 1，值越大线越粗。

在头文件 wingdi.h 中也有关于 linestyle 的定义：其以 "PS_" 开头，含义上与表 5-2 中的一致（即宏名相近，值和含义相同）。

（3）setcolor（unsigned int color）函数。

其作用是设置绘画的前景色。颜色值参数可以是常量，也可以是 EGERGB(r,g,b) 的配色值，按(((r)<<16) | ((g)<<8) | (b))进行组合，color 常量值及含义见表 5-3。

表 5-3 color 常量值及含义

color 常量	数值	含义	color 常量	数值	含义
BLACK	0	黑色	DARKGRAY	8	深灰
BLUE	1	蓝色	LIGHTBLUE	9	深蓝
GREEN	2	绿色	LIGHTGREEN	10	淡绿
CYAN	3	青色	LIGHTCYAN	11	淡青
RED	4	红色	LIGHTRED	12	淡红
MAGENTA	5	洋红	LOGHTMAGENTA	13	淡洋红
BROWN	6	棕色	YELLOW	14	黄色
LIGHTGRAY	7	淡灰	WHITE	15	白色

为发挥个性，在绘制表示时分秒针的直线时，也可以将它们改为细长的三角形，当然这又涉及较为复杂的坐标计算。也可以将圆形表盘改为正方形、长方形、或者其他多边形的样式。

背景音乐文件、整点报时的声音文件等可以自行录制，充分展现个性化设计。

在 main() 主函数的循环中使用了 "Sleep(1000)" 来实现延迟，理论上是可行的，实际上可能存在一定的误差。因为循环、判断、绘画等操作都需要花费一定的时间，再延迟 1 秒，将导致 2 次绘图之间的时间间隔肯定大于 1 秒，这种情况每隔两秒发生一次（即 1 分钟内仅发生 30 次）且误差较小，基本无觉察、可忽略。

5.5 总 结

在电子时钟的设计和编码过程中，除了角度以及坐标的计算略显复杂外，整体设计思路直观清晰、简洁，不涉及复杂算法的设计和实现。

第 6 章　竖式加法模拟器

在使用纸笔进行算术运算时，常常会用到"竖式"。本章要求实现两个随机整数的竖式加法运算，能清晰地展示两个加数、进位、结果等，从而完整地呈现竖式加法的手工计算过程。

通过本章的学习，应该掌握以下知识。

（1）随机函数的使用。

（2）整数的分离及其长度计数（位数）。

（3）文本模式下光标定位、颜色设置。

（4）延时器的使用。

6.1　需求分析

竖式加法能清晰地向大家展示加法的运算过程，最大限度地避免计算错误。所以，在工作、生活、学习之中大量使用。其运算规则是：首先将两个加数按照大数在前、小数在后的原则分行分列对齐排列（一个整数的每个数字间用一个空格分隔）；其次是在第 2 行、第 1 个加数的最高位的前一列的位置上输出一个"+"号；第 3 行将显示对应数位相加时是否有进位；在第 4 行上画一条长横线，用来分隔加数与和；最后是在第 5 行上输出和。整个运算过程，遵循加法的手工计算规则：从低位向高位进行计算和输出。例如：13928+256=? 其整数加法样式如图 6.1 所示。

$$
\begin{array}{r}
1\ 3\ 9\ 2\ 8 \\
+\quad\ 2\ 5\ 6 \\
\hline
1\ 4\ 1\ 8\ 4
\end{array}
$$

图 6.1　整数加法样式图

上面的竖式中"、"表示该位有来自低位的进位。

6.2　总体设计

根据竖式加法的数学计算过程及规则，构建如下功能结构图，如图 6.2 所示。

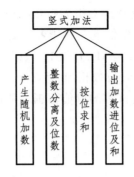

图 6.2　竖式加法功能图

竖式加法模拟器包括了 4 个功能模块。

（1）产生随机加数模块。

利用随机函数可以产生一定范围内的随机数，将它们作为加法运算的两个加数。

（2）整数分离和求位数模块。

这是下一步操作的前提。整数的分离，即将一个多位整数分解成一个个的数字，这涉及到模运算。分离出来的数字使用一个数组进行存储，自然需要确定数组的实际元素个数，这个值就是整数的位数。

（3）按位求进位、求和模块。

将两个加数依次按照个位、十位、百位……递增的次序对齐，从低位开始、依次向前两两相加，得到和，这个和经模运算、除法可得到该和的个位以及向高位的进位。这些都依次存储在相关数组之中。

（4）输出加数、进位及和模块。

这一模块的功能是在合理的"坐标处"输出前两步中已得到的数组各元素。这是本项目的重点，这需要仔细推导和演算。

6.3　详细设计与编码

上述功能模块既展示了项目需要实现的功能，也体现了项目中各功能模块的先后执行次序。实现项目功能的关键点是在合理的坐标处输出结果。

6.3.1　项目涉及的数据

本项目直接涉及的数据只有两个加数，相关联的数据还有四个数组。具体是：

（1）两个加数。存储两个随机加数的变量 num1、num2。

（2）两个加数对应的两个数组。存储 num1、num2 经分离后各数位上的数字，使用了两个数组：numC1[MaxLen]、numC2[MaxLen]。数组元素 numC1[i]、numC2[i]分别存储 num1、num2 的第 i 位上的数字，或者说下标 0 处存储的是个位上的数字、下标 1 处存储的是十位上的数字，依此类推。len1、len2 是表示数组实际长度的整型变量（即加数是一个几位数）。

（3）进位数组。存储进位的数组 carry[maxLen]，carry[i]表示来自 numC1[i-1]与 numC2[i-1]之和的进位，规定下标 0 处的进位值始终为 0。

（4）结果数组。存储对应数字之和的数组 result[MaxLen]。

为保证加数及加法的合法性，作如下一些限制：数组 numC1、numC2 的最大长度是 MaxLen-1，即两个随机数的最大位数是 MaxLen-1；数组 carry、result 的最大长度是 MaxLen。因为可能有向更高位的进位，即两个 i 位数相加、和有可能是 i+1 位的数据（即和的位数可能会增加）。所以，要合理控制两个随机数的取值范围，从而保证结果的合法性（即防止数组溢出）。

6.3.2　产生随机数

利用随机函数，生成指定范围内的随机数，保持 num1>=num2。即保证大数在前、小数在后，从而符合算术运算的习惯。

```
void createRndNum (int *num1,int *num2){
    int t;
    srand(time(0));             //初始化随机数种子，保证每次产生的随机数都不同
    *num1=rand()%32767;  //可使用更大的整数
    *num2=rand()%32767;
    if(*num1<*num2){
        t=*num1;
        *num1=*num2;
        *num2=t;
    }
}
```

6.3.3　整数分离和位数

整数分离即是将一个整数的各数位上的数字分离出来（要求将低位放在低下标处、高位放在高下标处，以便于后面的加法运算、和的存储，因为和的位数可能会增加），并计数出该整数是一个几位数。下面的函数是将整数 num 分离，各位上的数字存储于数组 numC 之中，返回 num 的位数，或者说数组 numC 中实际元素的个数。

```
int splitNum(int num,int *numC){
    int len=0;
    while(num>0){
        numC[len++]=num%10;
        num/=10;
    }
    return len;
}
```

6.3.4　求和及进位

先将数组 numC2 的高位补 0，使得其与 numC1 的长度相同。这样，便于两个加数的加法

运算。

```
int toAlign(int len1,int len2,int *numC2){
    int i;
    for(i=len2;i<len1;i++)
        numC2[i]=0;
}
```

接下来按位进行加法和进位。具体操作是：

第一次是将 numC1[0]与 numC2[0]相加（实现的始终是两个一位数相加），将和存入局部变量 sumi 中，再对 sumi 分离出个位、十位，分别存入 result[0]和 carry[1]之中（result 是存储和的数组、carry 是存储进位的数组）。

第二次是将 numC1[1]、numC2[1]、carry[1]三者相加，得到两个加数十位上的和，再将这个和分离成一个一位数以及向高位的进位，从而得到 result[1]和 carry[2]。

……

最后，还要考虑最高位是否有向前的进位。

```
int calSum(int *numC1,int len1,int *numC2,int len2,int *result,int *carry){
    int i=0,sumi;
    toAlign(len1,len2,numC2);
    carry[0]=0;     //carry[i]是来自第 i-1 位的进位。这里 0 表示没有谁向个位进位
    int len=1;      //len 是 carry 当前的实际长度
    while(i<len1){
        sumi= numC1[i]+numC2[i] +carry[i];  //三项的和
        result[i]= sumi%10;     //和的个位
        carry[i+1]= sumi/10;    //向高位进位
        i++;
        len=i;
    }
    result[i]=0;
    if(carry[i]==1) {result[i]=1;} //最高位可能还有向前的进位
    len++;                      //统一进位处理，不管是 0 还是 1
    result[len-1]=carry[len-1];
    return len;
}
```

6.3.5 按位输出

下面的 show1_2 函数实现的是输出两个加数、加号、横线。

```
void show1_2(int *numC1, int len,int *numC2, int len2){
    int i;
    for(i=0;i<BlankLen;i++) printf(" ");//输出第一个加数前的 10 个空格
    for(i=len-1;i>=0;i--)
```

/*输出第一个加数上的各位，逆序输出，因为高位在高下标处。数字间加了一空格，间隔大，更清晰
    */
```
    printf("%d ",numC1[i]);
    printf("\n");
    for(i=0;i<BlankLen-2;i++) printf(" ");   //输出+号前的空格
    printf("+ ");                            //输出+号
    for(i=len-1;i>=len2;i--)printf("   ");   //补齐第二个加数前的空格
    for(i=len2-1;i>=0;i--)
        printf("%d ",numC2[i]);              //输出第二个加数
    printf("\n\n");                          //空一行，为进位预留的
    for(i=0;i<BlankLen-2;i++) printf(" ");   //输出横线前的空格
    for(i=-1;i<len;i++) printf("--");        //输出横线
    printf("\n");
}
```

showSumCarry 函数实现的功能是在合适的坐标处（这里的坐标是指文本模式下的行列号）输出各位上的数字以及向高位的进位（仍然要求先输出个位、再是十位、百位……、最后是最高位，这符合算术运算规则）。这是本题的重点、难点。

为了清晰地展示各位相加所得的和以及向前的进位，使用了自定义的坐标定位函数 gotoxy()、延迟函数 delay()。使用延迟更有利于观察计算后的输出结果。

在文本模式下，默认的程序运行窗口一般被划分成 25*80 的栅格，即高是 25 行、宽是 80 列，左上角的坐标是（0,0），每个字符占 1*1 的栅格。图 6.3 是 DOS 命令提示符窗口的属性设置对话框。通过该对话框可对"字体、布局、颜色"进行设置，以利于程序运行结果的清晰显示。

图 6.3　DOS 命令提示符窗口属性设置对话框

```
//定位函数，将光标定位到 x 列、y 行
void gotoxy(int x,int y){
    //获取标准输出的句柄，使用了 Windows API 函数
    HANDLE handle=GetStdHandle(STD_OUTPUT_HANDLE);
    COORD pos;
    pos.X=x;        pos.Y=y;        //显示器坐标结构体（列号，行号）
    SetConsoleCursorPosition(handle,pos);        //设置控制台显示器上的光标位置
}
//延迟函数，延迟 second 秒。也可用 Sleep(second)代替，但它的单位是毫秒。
void delay(int second){
    long time1=time(0);        //获取当前时间
    while(1){
        long time2=time(0);
        if(time2-time1<second) continue;
        else break;
    }
}
//输出和、进位
void showSumCarry(int *carry,int *sumC,int len){
    int i;
    for(i=0;i<len ;i++){        //先输出和的低位，符合手工计算的规则
        gotoxy(BlankLen+2*(len-i-2),4); //在第 4 行上输出和，从 0 行开始计数
        delay(2);                        //延迟 2 秒
        if(i==len-1&& sumC[i]==0) ;        //最高位是 0，不输出
        else printf("%d ",sumC[i]);
        gotoxy(BlankLen+2*(len-i-3),2); //在第 2 行上输出进位
        //有向高位的进位，汉字串 "、" 表示进位
        if(carry[i+1]==1)    printf("、");
        else  printf("  ");        //无进位。有无进位都是两个字符构成的串
        gotoxy(BlankLen+2*(len-i-2),4); //光标定位在和上，表示正在计算的位
        delay(3);                        //延迟 3 秒
    }
}
```

6.3.6 主函数

主函数严格按照产生随机数、计算、输出的步骤进行设计，展示了各函数的调用次序、功能的实现次序。

```
int main(int argc, char *argv[])
{
```

```
        int num1,num2;
        int numC1[MaxLen],numC2[MaxLen];
        int len1,len2;
        int result[MaxLen],carry[MaxLen];
        int len;
        createRndNum(&num1,&num2);
        len1=splitNum(num1,numC1);
        len2=splitNum(num2,numC2);
        printf("已经准备好了，计算马上开始！\n");
        system("pause");    system("cls");
        show1_2(numC1,len1,numC2,len2);    //输出两个加数，每个数位之间有空格分隔
        len=calSum(numC1,len1,numC2,len2,result,carry);    //求和，得和数组的长度①
        showSumCarry(carry,result,len);                    //输出和及进位②
        gotoxy(0,6);   //光标定位到和的下一行，以免发生覆盖，影响观察结果
        printf("%d+%d=%d\n \n\n",num1,num2,num1+num2);
        return 0;
    }
```

6.4　测　试

在测试过程中，要重点考虑两个加数的特点，如大小关系、位数（位数相同、不同），相加的进位等。若使用随机函数生成两个加数的话，由于随机性，两个加数没有人工输入具有针对性。所以，在测试时可以将随机数方式替换成通过输入函数人工输入两加数的方式，等到测试结束之后再改回随机函数方式。还需考虑加数等于 0 的情况。

下面是程序某一次运行的效果图，如图 6.4、6.5、6.6 所示。

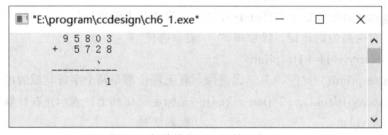

图 6.4　加法模拟器运行效果图(a)

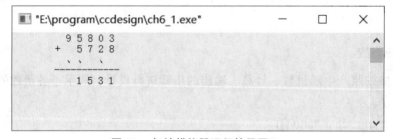

图 6.5　加法模拟器运行效果图(b)

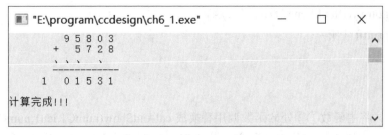

图 6.6　加法模拟器运行效果图(c)

在测试过程中，重点测试各数字输出时的坐标位置，各数位是否能上下对齐，更重要的是最后的结果是否正确（和是否还有向高位的进位、其输出位置是否正确等）。即函数showSumCarry()中对 gotoxy 函数参数的设置。

6.5　总　结

竖式加法模拟器的实现算法较为简单清晰。在实现时，重点在于按位加法和进位，难点是定位输出。这需要人工仔细演算，总结规律，使得结果的输出符合数学规则。容易忽视的地方是对最低位、最高位的进位处理。

在求和及进位、按位输出这两项功能的实现过程中（calSum 函数和 showSumCarry 函数），其算法是先将和、进位求出且存储在数组之中，最后一次性地进行定位输出。这种方式完全可以采用下面的边计算边输出来替换。

```
void calAndShow(int *numC1,int len1,int *numC2,int len2){
    int i,t,len,sumi,carry=0;
    toAlign(len1,len2,numC2);              //把 numC2 补齐到 len1
    len=lcn1;
    delay(2);                              //延迟 2 秒
    for(i=0;i<len;i++){
        t=numC1[i]+numC2[i]+carry;         //一位的和
        sumi=t%10;                         //分离出和的个位
        carry=t/10;                        //分离出向高位的进位
        gotoxy(BlankLen+2*(len-i-1),4);    //和在第 4 行上
        printf("%d ",sumi);                //输出和的个位
        gotoxy(BlankLen+2*(len-i-2),2);    //进位在第 2 行上
        if(carry==1)   printf("、");       //有进位
        else           printf("  ");       //无进位
        gotoxy(BlankLen+2*(len-i-1),4);    //光标定位在和上，表示正在计算的位
        delay(3);                          //延迟 3 秒
    }
    //考虑最高位是否有向前的进位
/*    if(carry!=0){
```

```
            gotoxy(BlankLen+2*(len-i-1),4);
            printf("1");
        }
*/
}
```

在 6.3.6 中，将主函数①②处的函数调用替换成 calAndShow(numC1,len1,numC2,len2)即可。

"考虑最高位是否有向前的进位"这一 if 语句是在测试后添加的。否则，最高位向前的进位不能正确显示出来。

参照竖式加法模拟器的设计思想加以拓展。

（1）可以实现竖式减法、乘法、除法（两个数除法的任意精度可使用乘法、减法实现）。

（2）可以给计算过程配上语音，如播放语音"m 和 n 相加，和是 z，写下低位的 x、向高位进位 1"等，其中的 m、n、z、x 用实际的一位数或两位数代替，它们的声音文件名映射存储在一个字符串数组之中。这样的延伸功能将为你的项目增光添彩，变成了一个实用的多媒体辅助教学工具。

（3）可以实现操作数的手工输入（或随机数）、人工计算，即通过设置光标位置，键盘输入结果，实现人工计算，最后电脑判断对错。这样的改进可使得本项目变成了一个自动测评工具。

第7章　七段数码管数字模拟器

在马路上十字路口的红绿灯、在电视直播中欢庆新年的到来、在限时的体育比赛中，都可以看到倒计时牌的身影。在计算机上，如何使用七段数码管模拟显示表示时间的数字呢？

通过本章的学习，应该思考和实现如下问题：

（1）实物模型向数学模型、计算机模型的转换。

（2）单个数字如何模拟显示。

（3）多位数如何模拟显示。

（4）放大、倾斜的模拟显示效果如何实现。

7.1　点阵表示数字

7.1.1　单数字的模拟

对于单个数字，完全可以将它看作是一个 7*4 的点阵（方格）。例如数字 0 的点阵描述如图 7.1 所示。图中若干个黑色方框（点亮）就构成了数字 0。

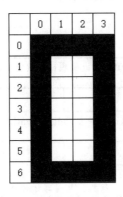

图 7.1　数字 0 用 7*4 的点阵描述

数字 0 用 7*4 的点阵描述，对应的 7*4 二维数组元素值依次是：

{　　{1,1,1,1},
　　　{1,0,0,1},

```
    {1,0,0,1},
    {1,0,0,1},
    {1,0,0,1},
    {1,0,0,1},
    {1,1,1,1}
}
```

其中，值为 1 代表对应方格被点亮（图中呈现黑色），值为 0 表示不点亮。

类似地，数字 1，对应的 7*4 二维数组就是：

{   {0,0,0,1},{0,0,0,1},{0,0,0,1},{0,0,0,1},{0,0,0,1},{0,0,0,1},{0,0,0,1}   }

数字 2，对应的 7*4 二维数组就是：

{   {1,1,1,1},{0,0,0,1},{0,0,0,1},{1,1,1,1},{1,0,0,0},{1,0,0,0},{1,1,1,1}   }

数字 3，对应的 7*4 二维数组就是：

{   {1,1,1,1},{0,0,0,1},{0,0,0,1},{1,1,1,1},{0,0,0,1},{0,0,0,1},{1,1,1,1}   }

数字 4，对应的 7*4 二维数组就是：

{   {1,0,0,1},{1,0,0,1},{1,0,0,1},{1,1,1,1},{0,0,0,1},{0,0,0,1},{0,0,0,1}   }

数字 5，对应的 7*4 二维数组就是：

{   {1,1,1,1},{1,0,0,0},{1,0,0,0},{1,1,1,1},{0,0,0,1},{0,0,0,1},{1,1,1,1}   }

数字 6，对应的 7*4 二维数组就是：

{   {1,1,1,1},{1,0,0,0},{1,0,0,0},{1,1,1,1},{1,0,0,1},{1,0,0,1},{1,1,1,1}   }

数字 7，对应的 7*4 二维数组就是：

{   {1,1,1,1},{0,0,0,1},{0,0,0,1},{0,0,0,1},{0,0,0,1},{0,0,0,1},{0,0,0,1}   }

数字 8，对应的 7*4 二维数组就是：

{   {1,1,1,1},{1,0,0,1},{1,0,0,1},{1,1,1,1},{1,0,0,1},{1,0,0,1},{1,0,0,1}   }

数字 9，对应的 7*4 二维数组就是：

{   {1,1,1,1},{1,0,0,1},{1,0,0,1},{1,1,1,1},{0,0,0,1},{0,0,0,1},{1,0,0,1}   }

模拟显示单个数字，只需输出相应二维数组的值即可。当然，这 10 个二维数组可以组织成一个三维数组。

程序的执行流程如图 7.2 所示。

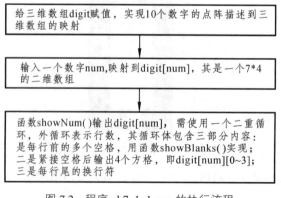

图 7.2   程序 ch7_1_1.cpp 的执行流程

具体代码如下：

//ch7_1_1.cpp，使用纯点阵模拟显示单个数字

```cpp
#include<stdio.h>
#define ON "■"
#define OFF "    "
// BlanksNum 表示行前空格数
#define BlanksNum    10
int digit[10][7][4]={          //各数字对应的点阵
    {    {1,1,1,1},{1,0,0,1},{1,0,0,1},{1,0,0,1},{1,0,0,1},{1,0,0,1},{1,1,1,1}
    },
    {    {0,0,0,1},{0,0,0,1},{0,0,0,1},{0,0,0,1},{0,0,0,1},{0,0,0,1},{0,0,0,1}
    },
    {    {1,1,1,1},{0,0,0,1},{0,0,0,1},{1,1,1,1},{1,0,0,0},{1,0,0,0},{1,1,1,1}
    },
    {    {1,1,1,1},{0,0,0,1},{0,0,0,1},{1,1,1,1},{0,0,0,1},{0,0,0,1},{1,1,1,1}
    },
    {    {1,0,0,1},{1,0,0,1},{1,0,0,1},{1,1,1,1},{0,0,0,1},{0,0,0,1},{0,0,0,1}
    },
    {    {1,1,1,1},{1,0,0,0},{1,0,0,0},{1,1,1,1},{0,0,0,1},{0,0,0,1},{1,1,1,1}
    },
    {    {1,1,1,1},{1,0,0,0},{1,0,0,0},{1,1,1,1},{1,0,0,1},{1,0,0,1},{1,1,1,1}
    },
    {    {1,1,1,1},{0,0,0,1},{0,0,0,1},{0,0,0,1},{0,0,0,1},{0,0,0,1},{0,0,0,1}
    },
    {    {1,1,1,1},{1,0,0,1},{1,0,0,1},{1,1,1,1},{1,0,0,1},{1,0,0,1},{1,1,1,1}
    },
    {    {1,1,1,1},{1,0,0,1},{1,0,0,1},{1,1,1,1},{0,0,0,1},{0,0,0,1},{1,1,1,1}
    }
};
//显示每行上的值时，前面留 10 个空格，以达到居中显示的效果
void showBlanks( ){
    int i;
    for(i=0;i<BlanksNum;i++)
        printf(" ");
}
//通过点阵数组显示单个数字，即输出二维数组的值
void showNum(int num){
    int i,j;
    for(i=0;i<7;i++){
```

```
        showBlanks();
        for(j=0;j<4;j++)
        //1 代表点亮，用符号常量 ON 表示，输出黑框
            if(digit[num][i][j]==1)
                printf("%s",ON);    //点阵在三维数组的 num 行
            else printf("%s",OFF);   //ON、OFF 是串长为 2 的字符串常量
        printf("\n");
    }
}
int main( ){
int num;
    do{  printf("please input a number[0～9]:");
        scanf("%d",&num);
        showNum(num);
    }while(num>=0 && num<10);
    return 0;
}
```

7.1.2　多位数的模拟

搞清楚了单个数字的描述，模拟显示多个数字组成的多位数则是类似的。唯一要注意的是：多个数字处于同一行上的方格必须同时输出，即需要修改上面的 showNum( )函数。

程序流程如图 7.3 所示。

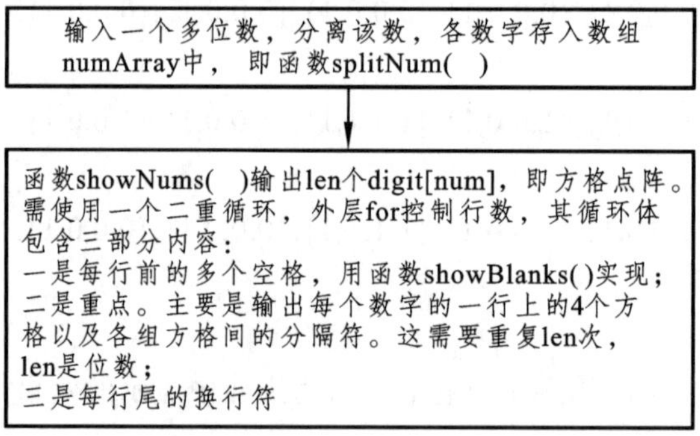

图 7.3　程序 ch7_1_2.cpp 流程

具体代码如下：

```
//ch7_1_2.cpp
#include<stdio.h>
#include<stdlib.h>
#define ON  "■"
#define OFF "  "
//BlanksNum 表示每行前的空格数
```

```c
#define BlanksNum    10
//INTERVAL 表示数字之间的间隙大小为 3 个空格
#define INTERVAL 3
int digit[10][7][4]={
    {
        {1,1,1,1},{1,0,0,1},{1,0,0,1},{1,0,0,1},{1,0,0,1},{1,0,0,1},{1,1,1,1}
    },
    {
        {0,0,0,1},{0,0,0,1},{0,0,0,1},{0,0,0,1},{0,0,0,1},{0,0,0,1},{0,0,0,1}
    },
    {
        {1,1,1,1},{0,0,0,1},{0,0,0,1},{1,1,1,1},{1,0,0,0},{1,0,0,0},{1,1,1,1}
    },
    {
        {1,1,1,1},{0,0,0,1},{0,0,0,1},{1,1,1,1},{0,0,0,1},{0,0,0,1},{1,1,1,1}
    },
    {
        {1,0,0,1},{1,0,0,1},{1,0,0,1},{1,1,1,1},{0,0,0,1},{0,0,0,1},{0,0,0,1}
    },
    {
        {1,1,1,1},{1,0,0,0},{1,0,0,0},{1,1,1,1},{0,0,0,1},{0,0,0,1},{1,1,1,1}
    },
    {
        {1,1,1,1},{1,0,0,0},{1,0,0,0},{1,1,1,1},{1,0,0,1},{1,0,0,1},{1,1,1,1}
    },
    {
        {1,1,1,1},{0,0,0,1},{0,0,0,1},{0,0,0,1},{0,0,0,1},{0,0,0,1},{0,0,0,1}
    },
    {
        {1,1,1,1},{1,0,0,1},{1,0,0,1},{1,1,1,1},{1,0,0,1},{1,0,0,1},{1,1,1,1}
    },
    {
        {1,1,1,1},{1,0,0,1},{1,0,0,1},{1,1,1,1},{0,0,0,1},{0,0,0,1},{1,1,1,1}
    }
}; //digit 数组的值与程序 ch7_1_1.cpp 相同
//显示数字行前面的空格
void showBlanks(){
    int i;
    for(i=0;i<BlanksNum;i++)//10 个空格
        printf(" ");
}
//显示每个数字之间的分隔
void showInterval() {
    int i;
    for(i=0;i<INTERVAL;i++)//间隔 3 个空格
        printf(" ");
}
//分离多位数，各位数字存放于数组之中
void splitNum(int num,int*numArray,int*pLen){///num 不超过 1e5
```

```
        int i=0;
        int t;
        *pLen=0;
        if(num==0){              //考虑一位数 0，这一特殊值
            numArray[0]=0;
            *pLen=1;
            goto MARK;
        }
        while(num>0){            //多位数分离及存储
            numArray[*pLen]=num%10;
            (*pLen)++;
            num/=10;
        }
        while(i<*pLen/2) {//逆置后才是正序数字，个位放最后
            t=numArray[i];
            numArray[i]=numArray[*pLen-1-i];
            numArray[*pLen-1-i]=t;
            i++;
        }
        MARK: return ;           //与特殊值 0 呼应
    }
    //输出存储在数组中的多位数
    void showNums(int numArray[],int len){
        int i,j;
        int iLen;
        for(i=0;i<7;i++){   //共 7 行
            showBlanks();//输出每行前的空格
            for(iLen=0;iLen<len;iLen++){    //多位数的长度，即位数
                int num=numArray[iLen];
                for(j=0;j<4;j++)    //同行上的各列
                    if(digit[num][i][j]==1) printf("%s",ON);
                    else printf("%s",OFF);
                showInterval();          //多数字之间的分隔
            }
            printf("\n");                //一行输出结束后再换行
        }
    }
    int main( ){
```

```
        int num;
        int numArray[5],len;
        printf("please input a number[0 ~ 1e5):");
        scanf("%d",&num);
MARK:if(num<100000){      //仅显示 1e5 以内非负整数
            splitNum(num,numArray,&len);
            showNums(numArray,len);
            system("pause");
            system("cls");
            printf("please input a number:");
            scanf("%d",&num);
            goto MARK;
        }
        else printf("\nNum must be less than 1e5.\n\nWill STOP!!!\n\n\n");
        return 0;
    }
```

7.2　数码管表示数字

7.2.1　单数字的数码管

前面 7.1 中的两个程序是为了简化问题，直接使用了 7*4 的点阵来描述一个数字。如何使用七段数码管来模拟数字？

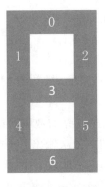

图 7.4　七段数码管的次序及编号

假定对七段数码管进行如图 7.4 所示的排列和编号。图中七段数码管全不点亮，则不能表示任何数字；点亮相应的数码管则可以描述相对应的数字，如图 7.5 所示。

例如数字 0，描述该数字的七根数码管中只有 3 号不点亮。若把这七根数码管映射成一个含有七个元素的一维数组，每个元素代表对应数码管的状态，那么，描述数字 0 的一维数组就是{1,1,1,0,1,1,1}，其中的 0 表示 3 号数码管不点亮。依此类推，可得到各数字对应的数码管状态数组。

图 7.5 用七段数码管描述数字 0~9

数字 1，映射的一维数组就是{0,0,1,0,0,1,0}；

数字 2，映射的一维数组就是{1,0,1,1,1,0,1}，

数字 3，映射的一维数组就是{1,0,1,1,0,1,1}，

数字 4，映射的一维数组就是{0,1,1,1,0,1,0}，

数字 5，映射的一维数组就是{1,1,0,1,0,1,1}，

数字 6，映射的一维数组就是{1,1,0,1,1,1,1}，

数字 7，映射的一维数组就是{1,0,1,0,0,1,0}，

数字 8，映射的一维数组就是{1,1,1,1,1,1,1}，

数字 9，映射的一维数组就是{1,1,1,1,0,1,1}

将这 10 个一维数组组织成一个 10*7 的二维数组 MX[10][7]，二维数组的一行表示一个阿拉伯数字的七段数码管是否点亮。

因此，模拟显示某个数字，只需输出点亮的数码管即可（尽管还要考虑重叠部分）。然而，显示器的屏幕上只能从左至右、从上到下依次输出，不能折返。所以，还是需要像 7.1 中那样考虑将数码管转换成 1*4 或 4*1 的点阵（矩形块）。因此，输出一个数字就是输出 7*4 的点阵，即 7*4 的二维数组。重要的工作就是将表示一个数字的所有点亮的数码管映射到 7*4 的二维数组中。

存在着数字 i，映射到 MX 这个二维数组中 MX[i]这个一维数组（即七段数码管的点亮情况）；再通过 MX[i]中的每个 MX[i][j]映射到 7*4 的二维数组 buf，即通过七段数码管的点亮与否来确定一个 buf 的值；最后输出 buf 的值，得到数字的模拟显示。

例如，数字 0 的模拟显示具体描述如下：

（1）将 buf[7][4]初始化为全 0。

（2）先映射到 MX[0]。其值是{1,1,1,0,1,1,1}，表示第 0、1、2、4、5、6 根数码管被点亮。

（3）对 buf 的部分元素进行 6 次赋值（在 MX[0]的值中有 6 个 1，即 6 根数码管被点亮）。
具体就是：

第 0 号数码管点亮，则 buf[0][0]、buf[0][1]、buf[0][2]、buf[0][3]的值为 1；

第 1 号数码管点亮，则 buf[0][0]、buf[1][0]、buf[2][0]、buf[3][0]的值为 1；

第 2 号数码管点亮，则 buf[0][3]、buf[1][3]、buf[2][3]、buf[3][3]的值为 1；

第 3 号数码管不点亮，不进行赋值；

第 4 号数码管点亮，则 buf[3][1]、buf[4][1]、buf[5][1]、buf[6][1]的值为 1；

第 5 号数码管点亮，则 buf[3][3]、buf[4][3]、buf[5][3]、buf[6][3]的值为 1；

第 6 号数码管点亮，则 buf[6][0]、buf[6][1]、buf[6][2]、buf[6][3]的值为 1。

（4）输出二维数组 buf 的各元素值，得到模拟数字 0。

再如数字 1 的模拟输出：

（1）将 buf[7][4]初始化为全 0。

（2）先映射到 MX[1]。其值是{0,0,1,0,0,1,0}，表示第 2、5 数码管被点亮。

（3）对 buf 的部分元素进行 2 次赋值（在 MX[1]的值中有 2 个 1，即 2 根数码管被点亮）。

第 2 号数码管点亮，则 buf[0][3]、buf[1][3]、buf[2][3]、buf[3][3]的值为 1；

第 5 号数码管点亮，则 buf[3][3]、buf[4][3]、buf[5][3]、buf[6][3]的值为 1。

（4）输出二维数组 buf 的各元素值，得到模拟数字 1。

因此，用七段数码管模拟显示数字 1 的算法如图 7.6 所示。

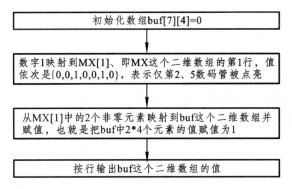

图 7.6 模拟显示数字 1 的算法

//程序 ch7_2_1_1.cpp，使用数码管模拟显示单数字 1
```cpp
#include<stdio.h>
#include<stdlib.h>
#define ON "■"
#define OFF "   "
#define BlanksNum    10
//BlanksNum 行空格数
//每行前的空格
void showBlanks(){
    int i;
```

```
        for(i=0;i<BlanksNum;i++)//10 个空格
            printf(" ");
}
//初始化点阵数组 buf
void init_buf(int buf[][4]){
    int i,j;
    for(i=0;i<7;i++)    for(j=0;j<4;j++)    buf[i][j]=0;
}
//数字 n、有哪几根数码管被点亮，从而对 buf 赋值
void assign_buf(int buf[7][4],int n){
    init_buf(buf);       //对每个数字都必须初始化点阵数组 buf
    n=1;                 //针对数字 1、对 buf 进行赋值
    buf[0][3]=buf[1][3]=buf[2][3]=buf[3][3]=1;
    buf[3][3]=buf[4][3]=buf[5][3]=buf[6][3]=1;
}
//输出 buf 这个二维数组的值
void showBuf(int buf[][4]){
    int i,j;
    for(i=0;i<7;i++){
        showBlanks();
        for(j=0;j<4;j++)
            if(buf[i][j]==1) printf("%s",ON);
            else printf("%s",OFF);
        printf("\n");
    }
}
int main(){//输出数字 1，即 n=1
    int buf[7][4];
    int n=1;
    assign_buf(buf,n);
    showBuf(buf);
    return 0;
}
```

上面是模拟显示数字 1 的程序代码。

若将 assign_buf()中对 buf 的部分元素的赋值修改成如下情况：

```
void assign_buf(int buf[7][4],int n){
    init_buf(buf);   //对每个数字每次都必须初始化点阵数组 buf
    n=0;             //针对数字 0、对 buf 进行赋值
    buf[0][0]=buf[0][1]=buf[0][2]=buf[0][3]=1;
```

```
buf[0][0]=buf[1][0]=buf[2][0]=buf[3][0]=1;
buf[0][3]=buf[1][3]=buf[2][3]=buf[3][3]=1;
buf[3][1]=buf[4][1]=buf[5][1]=buf[6][1]=1;
buf[3][3]=buf[4][3]=buf[5][3]=buf[6][3]=1;
buf[6][0]=buf[6][1]=buf[6][2]=buf[6][3]=1;
}
```

经过上面的赋值之后，则可以模拟显示数字 0。因此，函数 assign_buf()的主要工作是：根据被点亮的数码管把相应的 buf[i][j]赋值为 1。

如果将 assign_buf()中对 buf 部分元素的重新赋值与 MX[10][7]结合起来，则可以模拟显示 0 ~ 9 之间的任意一个数字。完整代码如下：

```
//程序 ch7_2_1_2.cpp，用七段数码管模拟显示任意的一位整数
#include<stdio.h>
#include<stdlib.h>
#define ON "■"
#define OFF "   "
#define BlanksNum    10
static int MX[10][7] ={  //七段数码管
    {1,1,1,0,1,1,1},     //数字 0 时七段数码管的状态，以此类推
    {0,0,1,0,0,1,0},
    {1,0,1,1,1,0,1},
    {1,0,1,1,0,1,1},
    {0,1,1,1,0,1,0},
    {1,1,0,1,0,1,1},
    {1,1,0,1,1,1,1},
    {1,0,1,0,0,1,0},
    {1,1,1,1,1,1,1},
    {1,1,1,1,0,1,1}
};
//输出每行前的空格数
void showBlanks( ){
    int i;
    for(i=0;i<BlanksNum;i++)//10 个空格
        printf(" ");
}
//初始化点阵二维数组、全不亮
void init_buf(int buf[][4]){
    int i,j;
    for(i=0;i<7;i++)
        for(j=0;j<4;j++)
```

```
                buf[i][j]=0;
    }
//第 n 号数码管点亮时的 buf[][]值
void assign_buf(int buf[7][4],int n){
    int i;
    switch(n){      //switch-case 语句最为重要
        case 0:
                for(i=0; i<4; i++)   buf[0][i] =1;
                break;
        case 1:
                for(i=0; i<4; i++)   buf[i][0] =1;
                break;
        case 2:
                for(i=0; i<4; i++)   buf[i][3] =1;
                break;
        case 3:
                for(i=0; i<4; i++)   buf[3][i] =1;
                break;
        case 4:
                for(i=0; i<4; i++)   buf[i+3][0] =1;
                break;
        case 5:
                for(i=0; i<4; i++)   buf[i+3][3] =1;
                break;
        case 6:
                for(i=0; i<4; i++)   buf[6][i] =1;
                break;
    }
}
//输出 buf 值代表的状态
void showBuf(int buf[][4]){
    int i,j;
    for(i=0;i<7;i++){
        showBlanks();
        for(j=0;j<4;j++)
            if(buf[i][j]==1) printf("%s",ON);
            else printf("%s",OFF);
        printf("\n");
    }
```

```
}
//主函数完成循环输入及处理
int main( ){
    int buf[7][4];
    int x;        //代表第 x 号数码管
    int num;   //一位整数
    while(1){
        printf("Input a number[0 ~ 9],num=");
        scanf("%d",&num);
        if(num>=0&&num<10){
            init_buf(buf) ;
            for(x=0;x<7;x++)
                if(MX[num][x]==1)        //第 x 号数码管的状态为点亮
                    assign_buf(buf,x);   //对应点阵数组赋值
            showBuf(buf);
        }
        else{
            printf("Input num is error!\n");
        }
        system("pause");
        system("cls");
    }
    return 0;
}
```

7.2.2　多位数的模拟

多位数需使用多组七段数码管来模拟显示，即需要在 ch7_2_1_2.cpp 的基础上，将同行排列的点阵同时输出。

```
//程序 ch7_2_2.cpp，数码管描述多位整数
#include<stdio.h>
#include<stdlib.h>
#define ON "■"
#define OFF "   "
#define BlanksNum    10
#define INTERVAL 3
static int MX[10][7] ={        ……      }; //赋值同上，略
int bufs[5][7][4];    //最多是五位数
//输出行前空格数
void showBlanks(){
```

```
        int i;
        for(i=0;i<BlanksNum;i++)//10 个空格
            printf(" ");
}
//输出每个数字之间的分隔符
void showInterval() {
        int i;
        for(i=0;i<INTERVAL;i++)//间隔 3 个空格
            printf(" ");
}
//分离一个多位整数
void splitNum(int num,int*numArray,int*pLen){
        int i=0;
        int t;
        *pLen=0;
        if(num==0){   //数是 0
            numArray[0]=0;
            *pLen=1;
            goto MARK;
        }
        while(num>0){
            numArray[*pLen]=num%10;
            (*pLen)++;
            num/=10;
        }
        while(i<*pLen/2) {//再逆置
            t=numArray[i];
            numArray[i]=numArray[*pLen-1-i];
            numArray[*pLen-1-i]=t;
            i++;
        }
        MARK: ;
}
//初始化，全局变量三维数组 bufs 表示多位数的点阵
void init_bufs( ){
        int i,j,k;
        for(i=0;i<5;i++) for(j=0;j<7;j++) for(k=0;k<4;k++) bufs[i][j][k]=0;
}
//根据被点亮的第 n 根数码管，给 buf 赋值
```

```
void assign_a_pipeToBuf(int buf[7][4],int n){
    int i;
    switch(n){
        case 0:
            for(i=0; i<4; i++)   buf[0][i] =1;
                break;
        case 1:
            for(i=0; i<4; i++)   buf[i][0] =1;
                break;
        case 2:
            for(i=0; i<4; i++)   buf[i][3] =1;
                break;
        case 3:
            for(i=0; i<4; i++)   buf[3][i] =1;
                break;
        case 4:
            for(i=0; i<4; i++)   buf[i+3][0] =1;
                break;
        case 5:
            for(i=0; i<4; i++)   buf[i+3][3] =1;
                break;
        case 6:
            for(i=0; i<4; i++)   buf[6][i] =1;
                break;
    }
}
//给数字 n 对应的 7 段数码管赋值
void assign_a_numToBuf(int buf[][4],int n){
    for(int i=0;i<7;i++)
        if(MX[n][i]==1)      assign_a_pipeToBuf(buf,i);
}
void assign_bufs(int numArray[],int len){//多位数对应 len 组数码管，赋值
    int i;
    init_bufs();          //初始化三维数组
    for(i=0;i<len;i++)   //给三维数组赋值
        assign_a_numToBuf(bufs[i],numArray[i]);
}
//模拟输出一个多位整数的各位数字
void showNums(int numArray[],int len){
```

```
        int i,j;
        int iLen;
        for(i=0;i<7;i++){
            showBlanks();                //行前空格
            for(iLen=0;iLen<len;iLen++){    //多位数的长度
                for(j=0;j<4;j++)    //同行上的各列
                    if(bufs[iLen][i][j]==1) printf("%s",ON);
                    else printf("%s",OFF);
                showInterval();            //多数字之间的分隔
            }
            printf("\n");
        }
    }
    int main( ){
        int num;
        int numArray[5],len;
        while(1){
            printf("Input num ="); scanf("%d",&num);
            if(num<100000){    //num 是 6 位以下的整数
                splitNum(num,numArray,&len);
                assign_bufs(numArray,len);
                showNums(numArray,len);
            }
            system("pause");
            system("cls");
        }
        return 0;
    }
```

7.3　单个数字特效显示

在前面的两节中，模拟显示的数字使用的都是 7*4 的点阵，如何实现数字的放大或倾斜显示呢？放大即是增加数码管的宽度、高度，倾斜即是将"垂直竖线"倾斜成斜线输出。

7.3.1　放大特效

放大即是改变其宽高显示比例。

若将数字 0 的宽度放大 3 倍，效果如图 7.7 所示。

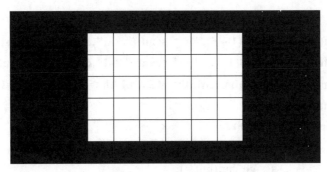

图 7.7　数字 0 的宽度扩大三倍

实现方法是：将每行上的每个 buf[i][j]重复输出 3 次。

若将数字 0 的高度放大 3 倍，效果如图 7.8 所示。实现方法是将每行上所有的 buf[i][j]重复输出 3 次。

若将数字 0 的宽度、高度同时放大 3 倍，效果如图 7.9 所示。实现方法是综合上面的两种情况。

这 3 种放大，可以使用一个函数来完成，即是改写程序 ch7_2_1_2.cpp 中的 showBuf()函数。程序运行效果如图 7.8、7.9 所示。

下面是单个数字的宽度、高度同时放大时，函数 showBuf 的代码。

```cpp
void showBuf(int buf [][4],int width,int height){ //最小值均为 1、最大为 5 倍
    int i,j;
    int widthI,heightI;
    for(i=0;i<7;i++){
        for(heightI=1;heightI<=height;heightI++){   //放大高度 height 倍
            showBlanks();
                for(j=0;j<4;j++)
                    for(widthI=1;widthI<=width;widthI++)//放大宽度 width 倍
                        if(buf[i][j]==1) printf("%s",ON);
                        else printf("%s",OFF);
                printf("\n");
        }
    }
}
```

再将主函数 main 略作修改，构成 ch7_3_1.cpp 程序，实现单个数字的放大效果。

```cpp
int main(){//
    int buf[7][4];
    int x;     //代表第 x 号数码管
    int num;  //一位整数
    int width,height;   //放大宽度、高度的倍数
    while(1){
        printf("Input a number[0,9],num=");
```

```
            scanf("%d",&num);fflush(stdin);
            printf("Input width(1 ~ 5):");     scanf("%d",&width);  fflush(stdin);
            printf("Input height(1 ~ 5):");    scanf("%d",&height);fflush(stdin);
            if(num>=0&&num<10&&width>=1&&width<=5 &&height>=1&&height<=5){
                init_buf(buf) ;
                for(x=0;x<7;x++)
                    if(MX[num][x]==1)                //第 x 号数码管的状态
                            assign_buf(buf,x);
                    showBuf(buf,width,height);
            }
            else{
                printf("Input num、width or height is error!\n");
            }
            system("pause");
            system("cls");
        }
        return 0;
}
```

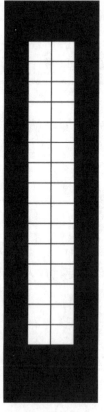

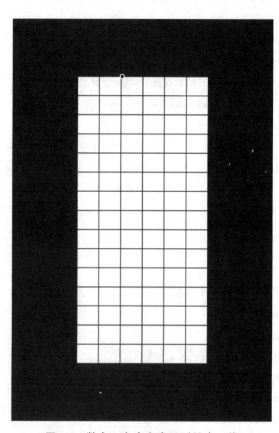

图 7.8　数字 0 高度放大 3 倍　　　　　图 7.9　数字 0 宽度高度同时放大 3 倍

7.3.2 倾斜特效

倾斜特效即是将每个数字行前的空格依次减少若干个。例如图 7.10 是数字 0 向左倾斜一个方格的示意图。

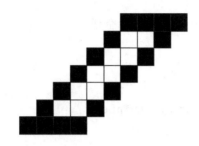

图 7.10　数字 0 倾斜示意图

因此，在不考虑放大特效的情况下，单个数字倾斜特效只需将 showBuf() 函数中被调用的子函数 showBlanks() 改成 showBlanks(heightI) 即可，该函数的详细代码如下。

```
void showBlanks(int rowI){   //rowI 表示第 rowI 行左移的空格数
    int i;
    for(i=0;i<BlanksNum-rowI;i++)          //10 个空格
        printf("  "); //2 个空格，因为一个■占 2 个字符。
}
```

对程序 ch7_2_1_2.cpp 略作修改形成实现本节功能的程序 ch7_3_2.cpp。

7.4　多位数的特效显示

7.4.1　多位数放大特效

综合 7.2.2 和 7.3.1 可得下面的程序，完成多位数的放大效果。

```
//程序 ch7_4_1.cpp，数码管表示多位数
#include<stdio.h>
#include<stdlib.h>
#define ON "■"
#define OFF "  "
#define BlanksNum    10
#define INTERVAL 3
static int MX[10][7] ={       ……       };//赋值同上，略
int bufs[5][7][4];    //最多是五位数
//输出行前空格
void showBlanks(){
    int i;
    for(i=0;i<BlanksNum;i++)//10 个空格
        printf(" ");
```

```
}
//输出每个数字之间的分隔
void showInterval() {
    int i;
    for(i=0;i<INTERVAL;i++)//间隔 3 个空格
        printf(" ");
}
//分离数字
void splitNum(int num,int*numArray,int*pLen){
    int i=0;
    int t;
    *pLen=0;
    if(num==0){   //数是 0
        numArray[0]=0;
        *pLen=1;
        goto MARK;
    }
    while(num>0){
        numArray[*pLen]=num%10;
        (*pLen)++;
        num/=10;
    }
    while(i<*pLen/2) {   //再逆置
        t=numArray[i];
        numArray[i]=numArray[*pLen-1-i];
        numArray[*pLen-1-i]=t;
        i++;
    }
    MARK: ;
}
//初始化，全局变量三维数组 bufs 表示多位数的点阵
void init_bufs( ){
    int i,j,k;
    for(i=0;i<5;i++) for(j=0;j<7;j++) for(k=0;k<4;k++) bufs[i][j][k]=0;
}
//第 n 号数码管点亮，赋值到 7*4 点阵
void assign_a_pipeToBuf(int buf[7][4],int n){
    int i;
    switch(n){
```

```c
        case 0:
            for(i=0; i<4; i++)   buf[0][i] =1;
            break;
        case 1:
            for(i=0; i<4; i++)   buf[i][0] =1;
            break;
        case 2:
            for(i=0; i<4; i++)   buf[i][3] =1;
            break;
        case 3:
            for(i=0; i<4; i++)   buf[3][i] =1;
            break;
        case 4:
            for(i=0; i<4; i++)   buf[i+3][0] =1;
            break;
        case 5:
            for(i=0; i<4; i++)   buf[i+3][3] =1;
            break;
        case 6:
            for(i=0; i<4; i++)   buf[6][i] =1;
            break;
    }
}
//给数字 n 对应的 7 段数码管赋值
void assign_a_numToBuf(int buf[][4],int n){
    int i;
    for(i=0;i<7;i++)
        if(MX[n][i]==1)      assign_a_pipeToBuf(buf,i);
}
//多位数对应 len 组数码管，赋值
void assign_bufs(int numArray[],int len){
    int i;
    init_bufs();          //初始化三维数组
    for(i=0;i<len;i++)  //给三维数组赋值
        assign_a_numToBuf(bufs[i],numArray[i]);
}
//输出多位数
void showNums(int numArray[],int len,int width,int height){
int i,j;
```

```
    int iLen;
    int widthI,heightI;
    assign_bufs(numArray,len);
        for(i=0;i<7;i++){
            for(heightI=1;heightI<=height;heightI++){
                showBlanks();
                for(iLen=0;iLen<len;iLen++){
                    for(j=0;j<4;j++)
                        for(widthI=1;widthI<=width;widthI++)
                            if(bufs[iLen][i][j]==1) printf("%s",ON);
                            else printf("%s",OFF);
                    showInterval();
                }
                printf("\n");
            }
        }
}
int main(){
    int num;
    int height,width;
    int numArray[5],len;
    while(1){
        //num 是 6 位以下的整数
        printf("Input num=");            scanf("%d",&num);        fflush(stdin);
        printf("Input width(1 ~ 5):");  scanf("%d",&width);      fflush(stdin);
        printf("Input height(1 ~ 5):"); scanf("%d",&height);     fflush(stdin);
        if(num<100000){   //num 是 6 位以下的整数
            splitNum(num,numArray,&len);
            assign_bufs(numArray,len);
            showNums(numArray,len,width,height);
        }
        system("pause");
        system("cls");
    }
    return 0;
}
```

7.4.2 多位数倾斜特效

综合 7.2.2 和 7.3.2 可得下面的程序，实现多位数的倾斜显示。

```
//程序 ch7_4_2.cpp，多位数倾斜
#include<stdio.h>
#include<stdlib.h>
#define ON "■"
#define OFF "  "
#define BlanksNum   10
#define INTERVAL 3
static int MX[10][7] ={       ……       };//赋值同上，略
int bufs[5][7][4];   //最多是五位数
void showBlanks(int rowI){//每行前的空格数，统一倾斜一个空格
    int i;
    for(i=0;i<BlanksNum-rowI;i++)//10 个空格
        printf("   ");
}
void showInterval() {//每个数字之间的分隔
    int i;
    for(i=0;i<INTERVAL;i++)//间隔 3 个空格
        printf(" ");
}
void splitNum(int num,int*numArray,int*pLen){ //分离数字
    int i=0;
    int t;
    *pLen=0;
    if(num==0){   //数是 0
        numArray[0]=0;
        *pLen=1;
        goto MARK;
    }
    while(num>0){
        numArray[*pLen]=num%10;
        (*pLen)++;
        num/=10;
    }
    while(i<*pLen/2) { //再逆置
        t=numArray[i];
        numArray[i]=numArray[*pLen-1-i];
        numArray[*pLen-1-i]=t;
        i++;
    }
```

```
        MARK: ;
    }
    void init_bufs( ){//初始化，全局变量三维数组 bufs 表示多位数的点阵
        int i,j,k;
        for(i=0;i<5;i++) for(j=0;j<7;j++) for(k=0;k<4;k++) bufs[i][j][k]=0;
    }
    void assign_a_pipeToBuf(int buf[7][4],int n){//第 n 号数码管点亮，赋值到 7*4 点阵
        int i;
        switch(n){
            case 0:
                for(i=0; i<4; i++)   buf[0][i] =1;
                break;
            case 1:
                for(i=0; i<4; i++)   buf[i][0] =1;
                break;
            case 2:
                for(i=0; i<4; i++)   buf[i][3] =1;
                break;
            case 3:
                for(i=0; i<4; i++)   buf[3][i] =1;
                break;
            case 4:
                for(i=0; i<4; i++)   buf[i+3][0] =1;
                break;
            case 5:
                for(i=0; i<4; i++)   buf[i+3][3] =1;
                break;
            case 6:
                for(i=0; i<4; i++)   buf[6][i] =1;
                break;
        }
    }
    void assign_a_numToBuf(int buf[][4],int n){//给数字 n 对应的 7 段数码管赋值
        int i;
        for(i=0;i<7;i++)
            if(MX[n][i]==1)      assign_a_pipeToBuf(buf,i);
    }
    void assign_bufs(int numArray[],int len){//多位数对应 len 组数码管，赋值
        int i;
```

```
        init_bufs();            //初始化三维数组
        for(i=0;i<len;i++)   //给三维数组赋值
            assign_a_numToBuf(bufs[i],numArray[i]);
    }
    void showNums(int numArray[],int len){
        int i,j;
        int iLen;
        assign_bufs(numArray,len);
        for(i=0;i<7;i++){
            showBlanks(i);
                for(iLen=0;iLen<len;iLen++){
                    for(j=0; j<4; j++)
                        if(bufs[iLen][i][j]==1) printf("%s",ON);
                        else printf("%s",OFF);
                    showInterval();
                }
                printf("\n");
        }
    }
    int main(){
        int num;
        int numArray[5],len;
        while(1){
            printf("Input num=");        scanf("%d",&num);        fflush(stdin);
            if(num<100000){   //num 是 6 位以下的整数
                splitNum(num,numArray,&len);
                assign_bufs(numArray,len);
                showNums(numArray,len);
            }
            system("pause");
            system("cls");
        }
        return 0;
    }
```

7.5　测　试

由于受限于显示器的宽度和高度（或者说分辨率），在实现个位数（即一位数）、多位数的放大时，对允许的放大倍数进行了限制，否则可引发自动换行而导致输出混乱。在实现倾斜特效时，只是将非首行的"点阵"依次左移了一个单元格，显示效果相对比较单调，但也避免了左移多个单元格而引发的数字不易辨认的问题。

程序代码中最为关键是"哪根数码管被点亮，需要对哪些 buf [i][j]进行赋值"。虽然对某些 buf [i][j]的赋值存在重复，但仍是必要的、必须的。它是通过 switch-case 来对 buf [i][j]赋值实现的，务必仔细审核各 case 中的赋值语句，避免错误。

7.6 总 结

本章按照由浅入深、从易到难的步骤，进行了 4 个问题的阐述。着重讲述了基于数码管的数字模拟器的设计与实现，除正常模式的一位数和多位数显示外，还实现了仅宽度放大、仅高度放大、宽高同时放大、倾斜等特效，关键技术都是映射和输出。

读者可以尝试将一位数、多位数的放大、倾斜集成到一起，同时进行特效显示；也可以尝试实现倒计时器，同时配以语音报出对应的数字。

第 8 章　点阵汉字

在中文操作系统中，目前主要使用点阵字模和矢量字模，前者简单高效，但会存在锯齿现象；后者清晰逼真，但须经历复杂的数学模型函数运算。在追求运行效率但显示质量要求不高的情况下，优先考虑点阵字模。

通过本章的学习，应该掌握以下知识。

（1）点阵字模的存储格式和提取。

（2）基于模拟像素的点阵字模输出。

（3）基于真像素的点阵字模输出。

（4）点阵汉字特效输出。

8.1　需求分析

汉字点阵模拟显示与第 7 章的内容非常相似。

汉字呈现在用户面前的轮廓实际上是由一个一个点勾勒出来的，即其呈现出的模样是由画点操作完成的。怎样画点呢？问题的关键则是知晓每个汉字的轮廓是怎样的。每个汉字都有相对应的字模，问题转化为每个汉字的点阵字模在字库文件中存储在什么位置、具体存储格式是怎样的、存储的二进制信息是怎样的。

因此，本项目的解答必须解决两个问题。一是确定汉字在字库文件中的存储位置，二是取得汉字的点阵信息并按"行、列"输出各个点而形成汉字。

8.2　总体设计

8.2.1　汉字点阵信息的获取

点阵字库主要有 3 种格式的字模：12*12、14*14、16*16，其中以 16*16 最为清晰和简便。所谓 16*16 即是用 256 个点来描述一个汉字的轮廓，也就是用 32 个字节（即 256 个二进制位）来描述哪些位置出现黑点，哪些位置出现空白，从而勾勒出一个汉字。

HZK16 字库是符合 GB2312 国家标准的 16×16 点阵字库，HZK16 的 GB2312-80 支持的汉字有 6 763 个、符号 682 个。其中一级汉字有 3 755 个，按声序排列；二级汉字有 3 008 个，按偏旁部首排列。在一般应用场合根本用不到这么多汉字,所以在应用时可以只提取部分作为己用就可以了。

一个 GB2312 汉字是用两个字节编码的,范围为 0xA1A1 ~ 0xFEFE。A1-A9 为符号区、B0-F7 为汉字区,每一个区有 94 个字符(这只是编码的许可范围,不一定都有符号对应,比如符号区就有很多编码空白区域)。

一个汉字占两个字节,高字节为该汉字的区号,低字节为该字的位号。每个区有 94 个汉字,位号为该汉字在该区中的位置。假定 c1、c0 分别为某汉字机内码的高字节和低字节,则其在字库文件中的位置可以使用公式:

int n = (c1-0xa1) * 94 + (c0-0xa1);

计算来获得。

这个计算过程涉及汉字的机内码、国标码、区位码的概念及转换关系。

8.2.2　一维数组存储点阵信息

利用公式"(c1-0xa1) * 94 + (c0-0xa1)"计算出了某汉字在字库文件中的起始位置,从此位置开始,连续的 32 个字节就是该汉字的具体点阵信息。将这 32 个字节取出并存储于长度为 32 的一维无符号字符数组之中,按 16 行输出即可得到该汉字的轮廓。

8.2.3　项目功能图

根据前两小节的内容,绘制了汉字显示功能图,如图 8.1 所示。

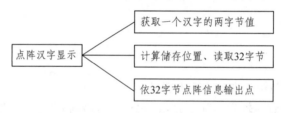

图 8.1　汉字显示功能图

完成一个汉字的点阵显示,须经历 3 个步骤,实现对应的 3 项功能。

(1)针对一个汉字构成的字符串,分别取出其两个字节中存储的无符号字符值。

(2)依据前面的公式进行计算,得出该汉字在字库文件中的存储位置,读取从该位置开始、连续的 32 个字节的信息,即得到其 16*16 的二进制点阵信息。

(3)将 32 字节的点阵信息按 16 行进行输出,即可得其"点阵图形"。

8.3　详细设计与编码

下面将按模拟点阵和真实点阵进行汉字的显示,它们的设计与实现原理是一致的。

8.3.1　汉字点阵模拟显示

定义如下的包含头文件和全局变量:

```
#include "stdio.h"
#include "stdlib.h"
```

```c
#include "string.h"
char *HZKFileName="hzk16.dat";        //字库文件名
```

1. 获取汉字的高低字节值

在中文 windows OS 下，汉字的默认编码方式为 GB2312。每个汉字的高低两个字节的最高位都是 1，这是汉字编码的特征。

下面这个函数的功能是把一个汉字的高字节存入 pc1 指向的位置，低字节存入 pc0 指向的位置。函数的参数 pc1、pc0 务必使用无符号字符指针。

```c
int getHZBytes(unsigned char* pc1, unsigned char* pc0)
{
    char buf[3];    //一个汉字的 2 字节再加一个 '\0' 字符，构成字符串
    printf("\n 请输入一个汉字："); gets(buf);
    if(strlen(buf) != 2) return -1; //输入的字符串长度不等于 2 时错误
    *pc1 = buf[0]; *pc0 = buf[1];
    if(*pc1 < 0xa1 || *pc0 < 0xa1) return -2;      //输入的不是汉字时错误
    return 0;
}
```

2. 从文件读取 32 字节的点阵信息

从文件（字库文件 HZK16）把字型（即 32 字节的字模信息）装入到一个 32 字节的缓冲区 buf 中。每个 bit 代表 1 个像素点，16*16 点阵的字模就是 256 个像素点信息，故需 32 字节。

字节的排列与 16 点阵像素的对应关系如下：

第 0 字节、第 1 字节（8+8 共 16 比特）

第 2 字节、第 3 字节

……

第 14 字节、第 15 字节

也就是说，每 1 行的 16 个点由 2 个字节提供。顺序是从上到下，从左到右。

GB2312 的编码规则是：前一个字节表示区号，后一个表示区中的偏移序号。每个区有 94 个汉字。区号和序号的编码都是从 0xA1 开始（为了避免和西文冲突）。因此，已知某个汉字的编码，就可以计算出它在文件中的绝对位置。

```c
void loadHZPoints(unsigned char* buf, unsigned char c1, unsigned char c0)
{
    int offset = (c1-0xa1) * 94 + (c0-0xa1); // 计算在文件中的位置
    FILE* fp = fopen(HZKFileName, "rb");
    if(fp==NULL){
        printf("汉字库打开错！ ");
        exit(1);
    }
    fseek(fp, offset * 32L, SEEK_SET);
```

```
        for(int i=0; i<32; i++){
            buf[i] = (unsigned char)fgetc(fp);
        }
        fclose(fp);
    }
```

3. 输出数组值来模拟显示汉字

下面这个函数的功能是输出从文件中读出的汉字字模信息 buf 数组。具体地说就是值为 1 的二进制位输出时用 fill 字符进行填充，值为 0 的二进制位输出空格符，从而形成汉字的模拟显示。

```
void showHZ(unsigned char *buf, char fill)
{
    for(int i=0; i<16; i++){   //16 行
        printf("\n");
        for(int j=0; j<16; j++)
            //析取出二进制位上的值进行判断
            if( buf[i*2 + (j/8)] & (0x80 >> (j%8)) )
                printf("%c", fill);
            else printf(" ");
    }
}
```

4. 主函数 main

```
int main(int argc, char *argv[])
{
    unsigned char hzBuf[32];      //存储 16*16 点阵汉字字模的无符号字符数组
    char fillchar = '@';          //填充的字符
    for(;;){
        unsigned char c1, c0;
        if(getHZBytes(&c1, &c0) != 0)    printf("\n 输入无效！\n");
        else{
            loadHZPoints(hzBuf, c1, c0);
            showHZ(hzBuf, fillchar);
        }
    }
    return 0;
}
```

该程序运行效果如图 8.2 所示。

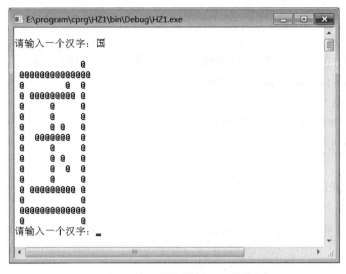

图 8.2 汉字"国"模拟显示效果图

由此可见，汉字"国"是将其国标码转换存储到无符号字符数组 buf[32]中，该数组共占驻 32*8 位，也即是 16*16 个二进制位、也即是 16*16 个点、也即是 16 行 16 列的二维点阵，每一个点根据其值等于"0"还是"1"分别用空格符、"@"字符来显示。

8.3.2　汉字点阵真实显示

与上一节不同的地方在于下面是使用 EGE 图形库，将一个二进制位看作一个像素点进行描述并输出。但在图形模式下，不能使用字符界面下的 scanf、printf 函数进行数据的输入输出、特别是字符的输入操作，所以待显示的汉字只能固定在程序之中。

下面的程序实现了四个汉字的 5 次放大效果。主体思路与上节是相同的。

```c
#include <graphics.h>
#include "stdio.h"
#include "stdlib.h"
#include "conio.h"
#include "string.h"
char *zkFileName="d:/HZK16.DAT";
char str[100]="我的祖国";
int getNumHZBytes(int num,unsigned char* pc1, unsigned char* pc0)
{    //取 str 中第 num 个汉字的高低字节值
    int j=2*(num-1);
    *pc1 = str[j];   *pc0 = str[j+1];
    if(*pc1 < 0xa1) return -2;
    if(*pc0 < 0xa1) return -2;
    return 0;
}
```

```
void loadHZ(unsigned char *buf, unsigned char c1, unsigned char c0)
{
    int offset = (c1-0xa1) * 94 + (c0-0xa1); // 计算在文件中的位置
    FILE* fp = fopen(zkFileName, "rb");
    if(fp==NULL){
        printf("汉字库打开错！");
        exit(1);
    }
    fseek(fp, offset * 32L, SEEK_SET);
    for(int i=0; i<32; i++){
        buf[i] = (unsigned char)fgetc(fp);
    }
    fclose(fp);
}
//放大显示汉字
void showHZ(int num,unsigned char *buf,int iBei)
{   int HeightBei=iBei;        //高放大倍数
    int WidthBei=iBei;         //宽放大倍数
    int ih,iw;                 //倍数的循环变量
    for(int i=0; i<16; i++)      //16 行
        for(ih=1;ih<=HeightBei;ih++)              //高放大
            for(int j=0; j<16; j++)
                for(iw=1;iw<=WidthBei;iw++) //宽放大
                    if( buf[i*2 + (j/8)] & (0x80 >> (j%8)) )
                        //每个汉字同行输出
                        putpixel(100*num+100+j*WidthBei+iw,
                            100+i*HeightBei+ih,WHITE); //关键坐标
                    else
                        putpixel(100+j*WidthBei+iw,
                            100+i*HeightBei+ih,BLACK); //关键坐标
}

int main(int argc, char *argv[])
{
    system("title 汉字点阵显示模拟器");
    initgraph(800,600);
    setcolor(YELLOW);          //设置背景色
    unsigned char buf[32];     //存储点阵汉字的字模
    unsigned char c1,c0;
```

```
int iBei,i; //iBei 放大倍数
int num=strlen(str)/2;    //汉字个数等于串长的一半
for(iBei=1;iBei<=5;iBei++){
    for(i=1;i<=num;i++){//每个汉字显示 5 次，即放大 5 倍
        getNumHZBytes (i,&c1,&c0);
        loadHZ(buf, c1, c0);
        showHZ(i,buf,iBei);
        if(iBei==5)
                outtextxy(10,10, "按任意键将退出！ ");
        else outtextxy(10,10, "按任意键继续......");
        getch();
    }
    cleardevice();
}
closegraph();
return 0;
}
```

该程序运行效果如图 8.3 所示。

图 8.3　汉字真实显示运行效果图

8.4 测 试

上面分别通过两种方式实现了依赖 hzk16.dat 字库文件的汉字显示。

第一种是在字符界面下，按照 16 行*16 列的模式实现点阵汉字的模拟显示。

第二种是在图形界面下，先按 16*16 点阵的模式真实地完成了汉字的显示；接着对真实点阵进行了放大效果的显示，此时可以清晰地观察到锯齿现象。

这两种实现方式，都需考虑非汉字的情况。两个程序都是按下述思路进行处理的：若相关字符串是汉字，程序可以继续向下运行来正常显示汉字；若非汉字则程序中止并给出出错信息。若对任何文字都要求正常显示，程序该如何修改呢？可参阅网络资源来实现。

8.5 总 结

不论是字符界面下的汉字模拟显示，还是图形界面下的汉字真实或放大显示，都需依据字库文件、字模的存储位置和存储格式。对于模拟显示可以参照第 7 章的方式实现放大效果显示；对于图形模式下的显示，则有需要完善的地方：实现汉字的随机输入，这一问题可以通过 Windows 编程来实现。

第 9 章 贪吃蛇游戏

"贪吃蛇"曾是风靡全国的小游戏。一条小蛇在一个固定区域里自由游走，目的是吃掉随机出现的食物，每吃掉一个食物蛇的身体会变长一点，如果在移动过程中蛇头碰到墙壁或者自己的身体游戏就结束，所以吃掉的食物越多，蛇身越长，速度越快，游戏难度不断增大。

本章用 C 语言实现了贪吃蛇游戏，希望读者能学习并体会游戏开发中基础数据结构的设计、按键的事件处理以及编写文本图形程序的相关知识和技巧。

通过本章的学习，应该思考并解决如下问题。

（1）实物模型向数学模型、计算机模型的转换。

（2）使用二维数组存储"绘图区"。

（3）使用链表存储蛇。

（4）全局变量与局部变量、与函数参数的差别。

（5）几个简单 Windows API 函数的使用。

9.1 需求分析

本项目的具体任务是实现贪吃蛇游戏。首先要确定基本游戏规则：游戏开始时初始化蛇的长度，而且按照某一指定方向不断地移动；食物随机出现在游戏区，当原有的食物被吃掉后，新食物马上随机生成在游戏区内；通过按下方向键改变蛇的移动方向，如果蛇碰到边缘或者自己，则游戏结束。游戏中可以暂停以及重新开始。

具体功能需求描述如下：

（1）初始化游戏：在电脑屏幕上绘制一个矩形游戏区，初始化蛇的长度，同时生成一个随机坐标的食物。

（2）控制蛇的运行轨迹：通过键盘来控制蛇的运行方向。

（3）增加蛇的长度：当蛇吃到食物时，蛇的身体会随之变长。

（4）食物随机生成：当食物被吃掉时，需要在游戏区域内随机生成一个新的食物。

（5）显示得分和速度：每吃到一个食物时，玩家的得分增加、蛇的移动速度可能会变快。

（6）结束条件：当蛇碰到墙壁或者自己的身体时，游戏结束。

9.2 总体设计

9.2.1 游戏功能模块

整个游戏划分为 4 个功能模块分别是：初始化模块、打印游戏区模块、按键向运动方向的转换模块、小蛇移动导致的结果模块。

（1）初始化模块。实现设置程序窗口的标题、大小，设置游戏区域的墙壁、蛇的初始位置和大小、食物的初始位置、光标隐藏等。

（2）打印游戏区模块。打印游戏区各物体的状态，包括蛇及运动状态、食物位置、得分和速度等。

（3）按键向运动方向的转换模块。通过对键盘消息的监测和获取，转换成小蛇运动的方向。

（4）小蛇移动导致的结果模块。包括小蛇新旧坐标的变化、判断蛇吃食物的效果等。

每个功能模块再进行细化，功能结构如图 9.1 所示。

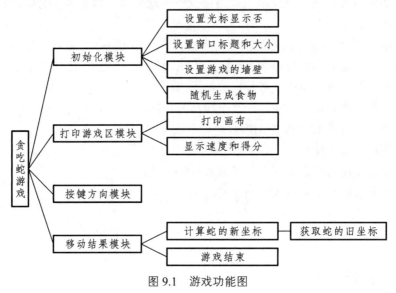

图 9.1　游戏功能图

9.2.2 游戏运行流程

游戏的运行流程如图 9.2 所示。

9.3 基于二维数组的实现

9.3.1 预处理指令和常量

1. 预处理指令

程序中涉及的预处理指令如下：

```
#include <stdio.h>
#include <stdlib.h>
#include <conio.h>
#include <time.h>
```

```
#include <windows.h>
//游戏画面的高宽（即游戏画布的行列数）
#define    High    20
#define    Width   48
//初始蛇移动时的延迟，单位毫秒。值越大速度越慢
#define INITRATE   1000
```

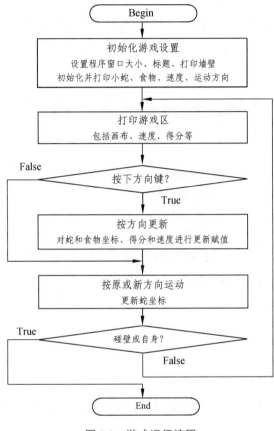

图 9.2　游戏运行流程

2. 数据结构

主要用到的数据类型有：

（1）二维整型数组 canvas。表示游戏画布或者说是游戏区域。

（2）标准输出设备的句柄。HANDLE handle = GetStdHandle(STD_OUTPUT_HANDLE)。

（3）显示器坐标结构体。COORD pos。

游戏过程中，游戏区、蛇、食物等的坐标和状态都体现在二维数组 canvas 之中。

3. 全局变量

程序中涉及的全局变量包括：

```
int moveDirection=4;        //小蛇移动方向，上下左右分别用 1，2，3，4 表示
int score=0;                //游戏得分，初值为 0。每吃掉一个食物得一分
```

```
int rate=INITRATE;          //运行过程中的实际速度
int foodCount=0;            //小蛇吃到的食物总数
int food_x,food_y;          //食物的位置
```
/*二维数组存储游戏画布，0 为空白，−1 为边框#，−2 为食物 F，1 为蛇头*，大于 1 的正数为蛇身。
*/
```
int canvas[High][Width] = {0};
```
最重要的就是 canvas 这个二维数组，其值存储了游戏区的墙壁、蛇的各节坐标、食物的坐标位置等。

9.3.2 主函数

主函数代码简洁，主要是通过调用 4 个自定义函数来实现。

```
int main()
{
    initCanvas ();              //初始化画布、得分和速度
    while (1)                   //游戏循环执行
    {
        printGameArea();    //打印游戏区
        kbToDirection();    //与用户方向按键有关的转换
        moveSnakeByDirection();
    }
    return 0;
}
```

9.3.3 各功能模块实现

对照项目功能图，对 4 大功能模块进行细分、描述各小功能模块的实现方法。

（1）设置光标状态。

程序运行时若光标在某一位置不断闪烁，会严重影响游戏玩家的体验效果。所以，使用 Windows API 函数来隐藏光标。

```
void showCursor(int flag){
    CONSOLE_CURSOR_INFO cursor;
    cursor.bVisible=flag;      //flag 为 0 表示隐藏
    cursor.dwSize=sizeof(cursor);
    HANDLE handle=GetStdHandle(STD_OUTPUT_HANDLE);
    SetConsoleCursorInfo(handle,&cursor);
}
```

（2）随机产生食物，存储于 canvas 中。

先使用随机数种子发生器初始化，再调用随机函数产生随机数，并将两个随机数作为食物出现的坐标，为保证坐标值位于绘图区，使用了模运算以及算术运算，最后将食物出现的

坐标在画布中标记。具体地说就是食物的坐标作为 canvas 二维数组中某元素的行列下标、元素值赋值为-2。

```
void createFood(){
    srand(time(NULL));
    food_x = rand()%(High-5) + 2;
    food_y = rand()%(Width-5) + 2;
    canvas[food_x][food_y] = -2;          //-2 表示食物
}
```

（3）对游戏画布的四条边进行赋值。

游戏中的墙壁映射到画布的四条边，即矩形（二维数组）的四条边，其值是固定的、设置为-1。

```
void setGameWall(){
    int i,j;
    for (i=0;i<High;i++)
    {
        canvas[i][0] = -1;
        canvas[i][Width-1] = -1;
    }
    for (j=0;j<Width;j++)
    {
        canvas[0][j] = -1;
        canvas[High-1][j] = -1;
    }
}
```

（4）设置程序窗口的标题和大小。

为保证程序的美观，放弃了程序运行时的默认窗口标题栏名称和窗口大小，而是进行指定设置，这用到了相关的 DOS 命令。

```
void setWindowTitleSize(){
    system("title 贪吃蛇游戏");              //设置程序窗口标题栏的名称
    system("mode con cols=49 lines=27");     //设置程序窗口的大小
}
```

（5）对游戏画布（二维数组 canvas）进行初始化赋值。

在游戏画面中，墙壁的四条边、蛇的初始位置、食物的初始位置，都存储于 canvas 这个整型二维数组之中，还包括蛇的默认长度、初始移动方向。实现这些功能调用了前面的几个函数。

```
void initCanvas(){
    showCursor(0);
    setWindowTitleSize();
    setGameWall();
```

```
        canvas[High/2][Width/2] = 1;//初始化蛇头位置（居中于画布）
        int i;
        //默认蛇身长 4 节、画布中的值分别为 2,3,4,5,…
        for (i=1;i<=4;i++)
            canvas[High/2][Width/2-i] = i+1;
        moveDirection = 4;//初始小蛇向右移动
        createFood();        //初始化食物位置
    }
```

（6）设置光标的位置，或者说移动光标到显示器的指定位置（行列号）。

使用 Windows API 函数获取标准输出设备的句柄，设置光标的坐标。

```
void gotoxy(int x,int y)
{
    HANDLE handle = GetStdHandle(STD_OUTPUT_HANDLE);
    COORD pos;  //坐标结构体
    pos.X = x;      pos.Y = y;
    SetConsoleCursorPosition(handle,pos);//设置光标位置
}
```

（7）输出游戏中当前的得分和速度。

游戏过程中，速度越慢难度越低。随着得分的增加，小蛇移动的速度越来越快、难度越来越大，但对速度也做了一定的限制，最快速度是 0.2 秒/格；得分规则是吃掉一个食物得分增加 1，即得分等于吃掉的食物个数；得分和速度值的输出位于画布的下方，需要使用到设置光标位置的函数 gotoxy()。

```
void showRateScore(){
    gotoxy(0,High+1);
    rate=INITRATE-(foodCount/5)*5;
    if(rate<200)rate=200;    //最快速度 200 毫秒，最慢 1000 毫秒
    printf("Rate:%d\t\t\n",rate);
    score=foodCount;
    printf("Score:%d\t\t\n",score);
    printf("Food:%d\n\t\t",foodCount);
    gotoxy(0,0);
}
```

（8）打印画布。

用二维数组 canvas 来模拟画布，其中存储了墙壁、空白（可移动方格）、蛇头和蛇身、食物的坐标以及代表值。通过逐行扫描这个二维数组的方式进行打印输出。扫描二维数组的同时对新食物出现的次数进行了统计，它与蛇的总长度又是相关的，食物产生的次数等于得分的多少。蛇的初始总长度等于 5。

```
void printCanvas(){
    gotoxy(0,0);   //光标移动到原点
```

```
    foodCount=0;
    int i,j;
    for (i=0;i<High;i++)//逐行逐列打印字符,重绘整个画布
    {
        for (j=0;j<Width;j++)
        {
            if (canvas[i][j]==0)      printf(" ");      //输出空格
            else if (canvas[i][j]==-1)      printf("#");      //输出边框#
            else if (canvas[i][j]==1) {
                foodCount++;printf("*");
            }    //输出蛇头*
            else if (canvas[i][j]>1){
                foodCount++;printf("O");
            }    //输出蛇身 O
            else if (canvas[i][j]==-2)      printf("F");      //输出食物 F
        }
        printf("\n");
    }
    foodCount-=5;           //蛇的初始总长度等于5
}
```

（9）打印游戏区，包括画布、速度和得分。

二维数组 canvas 描述了游戏过程中的墙壁、小蛇的蛇头、蛇身位置、食物的位置等信息，每隔 rate 毫秒进行一次重绘（刷新）。

```
void printGameArea()
{
    printCanvas();
    showRateScore();
    Sleep(rate);     //蛇移动速度默认1格/秒，会随得分而改变
}
```

（10）获取蛇的旧头尾坐标。

每间隔 rate 毫秒重绘一次游戏区，需要检测小蛇的位置、小蛇移动的方向、食物的位置等，所以需计算小蛇的新旧头、尾。这通过遍历和求最值得到。

在下面的函数中，首先通过一个二重循环将蛇头和蛇身统一增加1，再提供求最大值来确定蛇尾坐标（因为蛇尾的值最大），通过蛇头的值来确定蛇头坐标。从而得到蛇的旧头、尾坐标。

```
void getOldPosition(int*pHead_i,int*pHead_j,int *pTail_i,int *pTail_j){
    int i,j;
    for (i=1;i<High-1;i++)
        for (j=1;j<Width-1;j++)
            if (canvas[i][j]>0)  canvas[i][j]++;
```

```
        int max = 0;
        for (i=1;i<High-1;i++)
            for (j=1;j<Width-1;j++)
                if (canvas[i][j]>0)
                {
                    if (max<canvas[i][j])
                    {
                        max = canvas[i][j];
                        *pTail_i = i; *pTail_j = j;
                    }
                    if (canvas[i][j]==2)
                    {
                        *pHead_i = i; *pHead_j = j;
                    }
                }
}
```

（11）计算小蛇沿按键方向移动时的新坐标。

小蛇每间隔 rate 毫秒会沿按键方向移动一个方格，所以需要计算新的蛇头坐标。

```
void calNewPosition(int *poldHead_i,int *poldHead_j,
        int *poldTail_i,int *poldTail_j,
        int *pnewHead_i,int *pnewHead_j)
{
    getOldPosition(poldHead_i,poldHead_j,poldTail_i,poldTail_j);
    if (moveDirection==1)        //向上移动
    {
        *pnewHead_i = *poldHead_i-1;
        *pnewHead_j = *poldHead_j;
    }
    else if (moveDirection==2)   //向下移动
    {
        *pnewHead_i = *poldHead_i+1;
        *pnewHead_j = *poldHead_j;
    }
    else if (moveDirection==3)   //向左移动
    {
        *pnewHead_i = *poldHead_i;
        *pnewHead_j = *poldHead_j-1;
    }
    else if (moveDirection==4)   //向右移动
```

```
        {
            *pnewHead_i = *poldHead_i;
            *pnewHead_j = *poldHead_j+1;
        }
    }
```

（12）游戏结束。

游戏结束时，需定位光标到合理位置并输出"游戏结束"字符串，恢复光标的显示。

```
void gameOver(){
    gotoxy(0,High+4) ;
    printf("游戏结束!!! \n");
    //system("pause");
    showCursor(1);
    exit(0);
}
```

（13）按方向移动小蛇，求新蛇头、是否吃到食物、是否结束游戏。

这一函数是最重要的，它实现了游戏的核心部分。

若当前的蛇头坐标与食物的坐标重合，则蛇会吃掉食物，同时食物所处位置会归还给画布（即二维数组 canvas），接着产生一个新的食物并做标记，蛇身增加 1；否则小蛇继续沿原方向移动。若碰到墙壁或自身则游戏结束。

```
void moveSnakeByDirection()
{
    int oldHead_i,oldHead_j,oldTail_i,oldTail_j;
    int newHead_i,newHead_j;
    calNewPosition(&oldHead_i,&oldHead_j,
        &oldTail_i,&oldTail_j,
        &newHead_i,&newHead_j);
    //新蛇头是否吃到食物
    if(newHead_i==food_x && newHead_j==food_y)
    {
        canvas[food_x][food_y] = 0;
        createFood();  //产生一个新的食物
        //原来的旧蛇尾留着，长度自动+1
    }
    else canvas[oldTail_i][oldTail_j] = 0;//旧蛇尾减掉，保持长度不变
    //小蛇与自身相撞或者与边框相撞，则游戏失败
    if(canvas[newHead_i][newHead_j]>0 || canvas[newHead_i][newHead_j]==-1)
        gameOver();
    else canvas[newHead_i][newHead_j] = 1;    //新蛇头

}
```

（14）将按键转换成小蛇运动的方向。

小蛇运动的方向通过按下的字母键来获得。下面程序中嵌套的 if-else 语句可以使用 switch-case 语句来实现，可将下面的代码略作修改使得大小写字母具有相同的效果，也可以把"上下左右"4 个方向键包含进去。

```
void kbToDirection()          //根据按键方向进行 canvas[][]的更新
{
    char input;
    if(kbhit())               //判断是否有键盘输入
    {   //getch()的功能是输入无回显
        input = getch();      //根据用户的不同输入来移动，不必输入回车
        if (input == 'a')          moveDirection = 3;    //位置左移
        else if (input == 'd')     moveDirection = 4;    //位置右移
        else if (input == 'w')     moveDirection = 1;    //位置上移
        else if (input == 's')     moveDirection = 2;    //位置下移
    }
}
```

9.4 程序调试和测试

各个功能模块均进行了详细的调试和测试，从而保证程序的正确性、健壮性。在调试和测试过程中对发现的问题进行了改正和完善，主要有如下几个方面：

（1）程序中有些变量多个函数都需使用和修改它们，因而设置成全局变量，从而可以减少函数间的参数传递，降低了复杂性。

（2）在蛇沿四个方向移动的过程中，吃到食物后等，都涉及蛇新旧坐标的变化，在函数 getOldPosition()、calNewPosition()中使用了指针作参数。

（3）为避免程序运行时光标闪烁，影响游戏的体验效果，使用了 Windows API 函数实现光标的隐藏和显现。如 showCursor(int)函数。

（4）在 createFood()函数中，使用了随机数种子发生器 srand(time(0))，使得每次运行程序产生的随机数都不相同，紧随其后的两条赋值语句中使用了先减再模运算，保证了食物不会出现在画布的边界上。

（5）当程序运行时，DOS 窗口的默认标题栏是应用程序的文件名，显得比较俗套，因此在 setGameWall()函数中，使用 DOS 命令将程序运行窗口的标题修改为"贪吃蛇游戏"，使得程序功能更明确；使用 DOS 命令将程序运行时的窗口大小修改为 27*49，使其与程序中的画布（Canvas）的大小相匹配、协调，因为最后还需输出得分、速度等。

（6）在 showRateScore()函数中，为保证程序运行过程中输出的速度、得分、食物数与程序终止时的输出不产生重叠混乱，因而在 printf()函数中多加了几个制表符（\t）；程序运行过程中，得分越高速度越快，所以对速度 rate 进行了判断和限定。

（7）在 printGameArea()函数中最后的两条语句，即食物计数和显示速度得分的函数调用，最初放在 moveSnakeByDirection()函数的第一个 if 语句之中，导致只要小蛇移动就会导致速度、得分、食物计数变化，改正后，结果正确。

（8）函数 printCanvas()中 gotoxy()的调用不可少，否则会出现绘制画布时的图形错乱。因为画布的打印总是从显示器的坐标原点开始的。

未实现的功能包括下面两项：

（1）食物的随机产生，导致食物有可能出现在蛇头或蛇身位置。这应该是非法的，程序中没有考虑。

（2）在游戏过程中按下 P 键暂停或继续游戏，该功能没实现，读者可自行补充。

下面是某次游戏过程中的中间运行效果，如图 9.3 所示。其中，"#"表示墙壁，"*"表示蛇头，"O"表示蛇身，"F"表示食物。

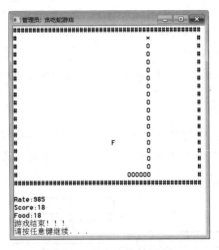

图 9.3　程序运行效果图

9.5　基于链表的实现

前面详细介绍了基于二维数组的实现方法，下面介绍基于链表的实现，两者的基本算法是一致的。用链表来存储蛇的坐标，链表的第一个结点即是蛇的蛇头、其余结点则是蛇身，蛇的长度通过计数链表的元素个数来获得，链表中存储的是"坐标"，即蛇头和蛇身的坐标。蛇移动而导致的坐标变化、体长增长都体现在链表的变化上，蛇的显示通过遍历该链表来实现。

9.5.1　预处理和数据结构

包括必须的头文件、宏定义（常量）、数据类型定义、全局变量等。具体如下：

```
#include<stdio.h>
#include<string.h>
#include<windows.h>
#include<time.h>
#include<conio.h>
#define up      'w'
#define down 's'
#define left    'a'
#define right   'd'
```

```
#define stop    'p'
#define Height  27
#define Width    58
//数据类型、全局变量
typedef struct Snake
{
    int x,y;
    struct Snake *next;
}Snake;
Snake *head,*tail;
struct Food{   int x,y;   }food;
int    Count=0, Score=0, ClickKey=1, Speed=800, FlagOver=0;//游戏结束标志
```

9.5.2　函数间调用关系

下面是基于链表结构（仅蛇的存储使用了链表）实现项目时的函数调用关系图（如图 9.4 所示），其功能上与 9.2 中的功能图和处理流程一致，且多数函数使用了与 demo9_1.cpp 文件相同的名称。

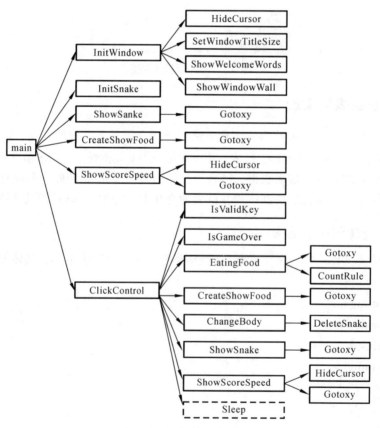

图 9.4　函数调用关系图

9.5.3　各函数具体实现

（1）设置光标隐藏。

```
void HideCursor(){
    CONSOLE_CURSOR_INFO cursor;
    cursor.bVisible=0;  //为 0 表示隐藏
    cursor.dwSize=sizeof(cursor);
    HANDLE handle=GetStdHandle(STD_OUTPUT_HANDLE);
    SetConsoleCursorInfo(handle,&cursor);
}
```

（2）设置窗口标题和大小。

```
void SetWindowTitleSize(){
    system("title  贪吃蛇游戏 2.0");         //设置 DOS 窗口标题栏的名称
    system("mode con cols=70 lines=32");//设置 DOS 窗口的大小
}
```

（3）定位光标到指定处。

```
void Gotoxy(int x, int y){
    COORD pos;
    HANDLE hOutput;
    pos.X=x; pos.Y=y;
    hOutput=GetStdHandle(STD_OUTPUT_HANDLE);
    SetConsoleCursorPosition(hOutput, pos);
}
```

（4）游戏欢迎词及操作说明。

```
void ShowWelcomeWords(){
    Gotoxy(0,11);//欢迎词显示在窗口中央
    printf("        ┌──────────────────────────────────┐       \n");
    printf("        |        Welcome To Game World     |       \n");
    printf("        |                                  |       \n");
    printf("        |    【Usage】                     |       \n");
    printf("        |    1.Press key[wasd] to move the snake  |       \n");
    printf("        |    2.Press [any other key] to pause     |       \n");
    printf("        ├──────────────────────────────────┤       \n");
    printf("        |            按任意键开始游戏!      |       \n");
    printf("        └──────────────────────────────────┘       \n");
    getch();
    system("cls");
}
```

（5）打印墙壁的四条边。

```
void ShowWindowWall(){
    int i;
    Gotoxy(0,0);for(i=0;i<Width;i++) putchar('#');//上
    for(i=0;i<Height-1;i++){Gotoxy(0,i+1);          putchar('#');}//左
    for(i=0;i<Height-1;i++){Gotoxy(Width-1,i+1);   putchar('#');}//右
    Gotoxy(0,Height-1);    for(i=0;i<Width;i++)    putchar('#');//下
    printf("\n");
}
```

（6）初始化程序窗口标题、大小、墙壁等。其调用了上面的几个函数。

```
void InitWindow(){
    system("color 0B");
    HideCursor();
    SetWindowTitleSize();
    ShowWelcomeWords();
    ShowWindowWall();
}
```

（7）初始蛇链表中各结点的坐标，蛇的缺省长度为3。

```
void InitSnake(){
    head=(Snake*)malloc(sizeof(Snake));
    Snake *p=(Snake*)malloc(sizeof(Snake));
    Snake *q=(Snake*)malloc(sizeof(Snake));
    head->x=16;  head->y=15;  //蛇头坐标
    p->x=16;p->y=16;          //蛇身坐标
    q->x=16;q->y=17;
    head->next=p;      p->next=q;    q->next=NULL;
}
```

（8）通过遍历蛇链表来打印蛇图形。

```
void ShowSnake(){
    Snake*p;
    p=head;
    while(p){
        Gotoxy(p->x,p->y);
        if(p==head)printf("*");
        else          printf("O");
        p=p->next;
    }
}
```

（9）随机产生食物的坐标(与蛇身不重合)并打印食物。

```c
void CreateShowFood(){
    int flag;
    srand((int)time(NULL));
    while(1){
        food.y=rand()%(Height-4)+2;
        food.x=rand()%(Width -4)+2;
        Snake *p=head;
        flag=0;
        while(p->next)        //遍历蛇,是否与食物坐标有重合的
        {
            if(food.x==p->x && food.y==p->y){
                flag=1;    //重合需重新生成，外循环
                break;
            }
            p=p->next;
        }
        if(!flag) break;
    }//重合需重新生成新食物
    Gotoxy(food.x, food.y); printf("F");
}
```

（10）将到达的坐标处会导致游戏结束吗。

```c
int IsGameOver(int x,int y ){
    //碰到边界
    if(x==0 || x==Width-1 || y==0 || y==Height-1)
        return 1;
    //是否错误按键导致绕到自身
    Snake *p=head->next;
    while(p) { //即蛇头与身子重合
        if(x==p->x&&y==p->y)return 1;
        p=p->next;
    }
    return 0;
}
```

（11）在游戏区底部显示游戏状态、速度、得分。

```c
void ShowScoreSpeed(){
    ShowCursor(0);
    if(FlagOver){//结束状态
        Gotoxy(0,27);printf("Game is Over!");
```

```
        Gotoxy(0,28);printf("-------------");
    }
    else{//非结束状态
        Gotoxy(0,27);printf("Now is Going!");
        Gotoxy(0,28);printf("                 ");
    }
    Gotoxy(0,29);printf("    Foods      Eated=%d",Count);
    Gotoxy(0,30);printf("    Current Speed=%d\t",Speed);
    Gotoxy(0,31);printf("    Current Score=%d",Score);
}
```

（12）蛇运动需清除原蛇图。

```
void DeleteSnake(){
    Snake *p;
    p=head;
    while(p){
        Gotoxy(p->x,p->y); printf(" ");
        p=p->next;
    }
}
```

（13）规定计分和计速规则。

```
void CountRule(){
    int i=Count/10;
    Speed=InitSpeed-i*100;
    Score+=5*(i+1);
    if(Speed<200) Speed=200;
}
```

（14）蛇发生移动，需对各结点的坐标进行更新，但链表中各结点的存储地址以及结点个数不变。

函数实现的详细功能是将第 i 节的坐标赋给第 i+1 节（i=1,…,n-1，蛇头除外），蛇头坐标被赋值为（x,y）。

```
void ChangeBody(int x,int y){
    DeleteSnake();
    Snake *q;
    int curX,curY,preX,preY;
    preX=head->x; preY=head->y;
    q=head->next;
    while(q){
        curX=q->x;        curY=q->y;
        q->x=preX;        q->y=preY;
```

122

```
                preX=curX;          preY=curY;
                q=q->next;
            }
            head->x=x;head->y=y;
            return ;
    }
```

（15）吃到食物，蛇长增加且增加到原蛇头之后，构成新链表。

蛇吃到食物，则原食物被清除、得分增加、插入新结点、更新蛇头和新结点的坐标，构成新链表。

```
    void EatingFood(int x,int y){
        Gotoxy(x,y); printf(" ") ;           //清除食物
        Count++;  CountRule();               //计分速规则
        Snake *p=(Snake*)malloc(sizeof(Snake));
        p->x=head->x;p->y=head->y;
        p->next=head->next;
        head->next=p;
        head->x=x; head->y=y;
    }
```

（16）判断按键是否有效。是方向键则影响坐标，是其他键则暂停。

```
    int IsValidKey(char key,int *px,int *py){
        int flag=0;//按下的是否是方向键
        switch (key)
        {
            case up:
                *px=head->x; *py=head->y -1;
                break;
            case down:
                *px=head->x; *py=head->y +1;
                break;
            case left:
                *px=head->x -1; *py=head->y;
                break;
            case right:
                *px=head->x +1; *py=head->y;
                break;
            default : flag=1;//非方向键则暂停
        }
        return flag;
    }
```

（17）按键响应处理函数。

```c
int ClickControl(){
    int x,y;
    Snake *p=head;
    static char clickKey=1;
    if(kbhit()) clickKey=getch();
    int flagPause=IsValidKey(clickKey,&x,&y);
    if(flagPause) goto PauseLabel;
    if(IsGameOver(x,y)){
        FlagOver=1;
        return 0;
    }
    if(x==food.x && y==food.y){
        EatingFood(x,y);//吃食物,蛇增长
        ShowSnake();
        CreateShowFood();
    }
    else if(clickKey!=1){
        ChangeBody(x,y);
        ShowSnake();
    }
PauseLabel:
    ShowScoreSpeed();
    Sleep(Speed);
    return 1;
}
```

（18）主函数。

```c
int main()
{
    InitWindow();
    InitSnake();
    ShowSnake();
    CreateShowFood();
    ShowScoreSpeed();
    while(ClickControl());   //循环
    ShowScoreSpeed();
    getch();
    return 0;
}
```

9.6 总　结

本项目使用两种存储结构进行了实现。顺序存储结构的实现过程较为简单，因为墙壁、食物、蛇等的状态都存储于二维数组之中，只需周期性地对二维数组进行扫描、输出就可以了；而非顺序存储结构的实现过程较为复杂，因为墙壁、食物、蛇是采取不同的方式进行描述的。

项目实现的关键点在于蛇的下一目标位置是怎样的呢？其有 3 种可能，一是墙壁、二是食物、三是可通过，需要分别判断；后两种情况都涉及到蛇链表中各结点数据项的变化，且若蛇吃到食物则还涉及到链表的插入操作；最重要的是链表中各结点数据项（即坐标）的变化规律，操作不慎则会导致错误。

在两种程序代码中，为了操作方便均使用了常量和全局变量。这也是本项目的特点之一。

两种存储结构对应的算法思路是基本一致的，每种实现方式都有可改进的地方。例如：可以考虑将墙壁、食物、蛇设置为不同的颜色；可以将程序中控制方向的 4 个字符改为不区分大小写字母，还可以增加 4 个方向键；可以考虑一直按着方向键时小蛇移动速度加快、释放则恢复原速度；可以增加小蛇不同状态下的音效；可以修改得分和速度计算规则，使其更有利于程序的调试、程序功能的完善。

第 10 章　俄罗斯方块游戏

俄罗斯方块是一款益智游戏，它自 20 世纪 80 年代诞生以来，可以运行在几十种游戏平台上，从掌机、街机、个人电脑，到手机和 PAD，直到现在仍风靡全球。单纯使用 C 语言知识，我们也可以制作出一款在电脑上运行的俄罗斯方块游戏。

通过本章的学习，读者应掌握：

（1）游戏区的描述。

（2）方块形状的模型及描述。

（3）游戏中方块的下落、消除、平移。

（4）游戏中按键时方块的旋转、下落等事件处理。

10.1　需求分析

目前，一些"消除"类游戏实质上都是受到俄罗斯方块的启发而诞生，或者说它们的雏形都是俄罗斯方块。那么如何运用 C 语言知识在控制台字符界面下实现俄罗斯方块这一款游戏呢？

第一，需了解其游戏规则。

整个游戏界面一般由 3 个区域构成，游戏区、预报区、积分区。游戏区最大，是方块出现、下落、堆积、消除等的一个矩形区域；预报区显示下一板块出现的形状，起到提示的作用；积分区则显示目前的得分情况。重点是游戏区。

游戏区是一块由 $m*n$ 个小正方形组成的平面虚拟场地，每次随机出现的俄罗斯方块在该二维空间中可以自由下落和旋转，从而堆积在其底部。

第二，俄罗斯方块有 7 种基本形状，划分为五类：

（1）T 型：最多清除二层；

（2）L 型（分两种）：最多消除三层；

（3）Z 型（分两种）：最多消除二层，容易造成孔洞；

（4）O 型（2×2 正方形）：消除一至二层；

（5）I 型（4×1 矩形）：一次最多消除四层。

第三，制定游戏规则。具体游戏规则包括如下几点：

（1）每个方块会从游戏区上方正中位置开始缓慢下落。部分单格方块可以通过按键穿透固定的方块到达最下层空位。

（2）玩家可以做的操作有：以 90°为单位旋转方块，操作方向键可让方块以方格为单位左右移动，可让方块加速落下。

（3）方块运动到区域最下方或是落到其他方块上无法移动时，就会固定在该处，而新的方块将出现在区域上方并开始下落。

（4）当区域中某一行上全部由方块填满，则该行的方块会被清除，且玩家得分，清除的行数越多得分越高。

（5）当方块堆积到游戏区最上方而无法消除时，游戏结束。

（6）一般来说，游戏还会提示下一个要落下的方块形状，为玩家的操作提供预警。一般还会随着游戏的进行而通过提高方块下落的速度来增加难度。

第四，各种信息的描述及操作实现。俄罗斯方块游戏涉及的主要操作有：随机产生一种板块形状、垂直下落、按键旋转、堆积、清除、左右平移、计分等。

10.2　总体设计

项目需要完成的功能可划分为三大块：

（1）初始化界面。它包括游戏区、提示区、计分区的各种初始化信息；

（2）方块运动。它包括方块随按键旋转、下落，方块堆积、消除、更新得分、下移等。这是项目实现的关键和难点。

（3）游戏结束。输出游戏结束时的提示信息、得分，最高得分存盘等。

项目功能如图 10.1 所示。

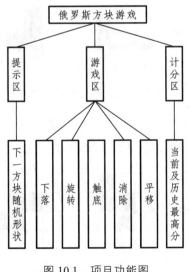

图 10.1　项目功能图

在方块运动中，基本操作则是方块的基本形状及其旋转后的形状描述。

方块的基本形状有 7 种，每种又可衍生出 3 种形状，组织在一起构成一个 7×4 的结构体数组。涉及的方块形状描述如下：

（1）T 型。

当其旋转时（每次顺时针旋转 90°）可衍生出另三种形状（实际只有一种），如图 10.2 所示。由图可见有重复的情况。

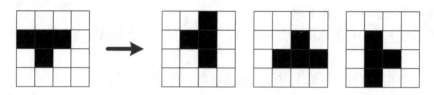

图 10.2　T 型及旋转形状

（2）L1 型。

当 L1 型旋转时可衍生出三种形状，如图 10.3 所示。

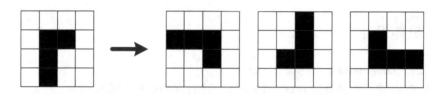

图 10.3　L1 型及旋转形状

（3）L2 型。

L2 型与 L1 型非常相似，如图 10.4 所示。

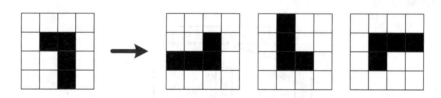

图 10.4　L2 型及旋转形状

（4）Z1 型。

Z1 型旋转时可以衍生出三种形状，如图 10.5 所示。

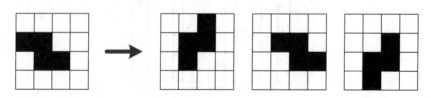

图 10.5　Z1 型及旋转形状

（5）Z2 型。

Z2 型与 Z1 型相似，其旋转时可以衍生出三种形状，如图 10.6 所示。

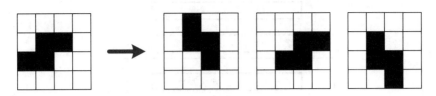

图 10.6　Z2 型及旋转形状

（6）O 型。

O 型亦称"田字型"，其无论如何旋转形状都是一样的，如图 10.7 所示。

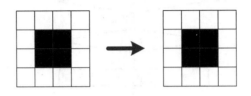

图 10.7　O 型及旋转形状

（7）I 型。

I 型旋转时可以衍生出三种形状，如图 10.8 所示。

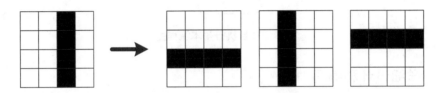

图 10.8　I 型及旋转形状

上述所有形状中虽有重复的情况，但存储时仍按 7×4 描述，便于循环操作。

根据方块形状的特点和数目，定义如下的存储结构：

```
struct ELuoSiBlocksType
{
    int space[4][4];        //每个俄罗斯方块使用一个 4×4 的数组描述其形状
}blocksShape[7][4];         //共计 7×4 种模式
```

根据游戏玩家的一般操作过程，绘制了如图 10.9 所示的项目（程序）执行流程。

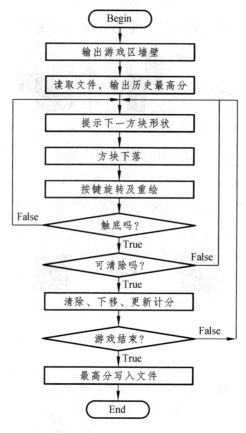

10.9 项目执行基本流程图

10.3 详细设计和编码

10.3.1 数据结构设计

（1）数据结构设计包括程序中使用到的头文件、常量、数据类型及变量等。
具体如下：

```
#include<stdio.h>
#include<windows.h>
#include<time.h>
#include<stdlib.h>
#include<conio.h>

#define ROWS 29        //游戏区行数
#define COLS 20        //游戏区列数
#define WALL    2      //墙
#define BLANK   0      //空白
#define BOX     1      //已经堆积完毕的小方块
```

```
#define LEFT      75      //3 个按键方向，向左
#define RIGHT     77      //向右
#define DOWN      80      //向下
#define SPACE     32      //空格键，翻转
#define ESC       27      //ESC 键，退出
```

（2）游戏区的描述。

整个游戏窗口由若干正方形小网格组成，每个小网格需要存储其是否被填充和填充色两个值，分别使用 30×29 的二维数组描述（实质是 60×29，因为一个小网格的宽度是 2）。具体定义如下：

```
struct GameAreaType
{
    int data [ROWS][COLS + 10];      //每个小网格的数据值为 1 或 0,
    int color[ROWS][COLS + 10];      //每个小网格的颜色值
}gameArea;
```

（3）每种俄罗斯方块的形状及表示。

每个俄罗斯方块使用一个 4×4 的二维数组描述，7 种基本形状，每种基本形状经旋转可衍生出 3 种形态，一共 28 种形态。

```
struct ELuoSiBlocksType
{
    int space[4][4];
}blocksShape[7][4];
```

（4）几个全局变量。

```
int nBase, MaxScore=0, Score=0;
```

nBase 用来取全局变量 blocksShape[base][space_z]中的 base，表示 7 种基础形状之一；
Score 表示游戏的当前得分，MaxScore 曾经的最高分。

10.3.2　初始化游戏

初始化游戏即是将游戏开始前游戏区的状态存储并绘制出来。功能上包括：设置程序的标题栏为"游戏-俄罗斯方块"，设置程序窗口大小为 60×29，设置窗口背景色为黑色，隐藏光标，从二进制文件中读取历史最高得分，初始化游戏左区和右区，绘制墙壁和左右区分割线。实现函数是 Init_Game()。

```
void Init_Game(){
    system("title 游戏-俄罗斯方块");         //设置程序窗口标题
    system("mode con lines=29 cols=60");    //设置程序窗口高度、宽度
    set_Color(7);                           //改变输出字符的颜色
    Hide_Cursor();                          //隐藏光标
    Read_MaxScore();                        //读取最高得分
    Init_Blocks();                          //初始化方块信息
```

```
        Init_GameLeftArea();          //初始化游戏左区
        Init_GameRightArea();         //初始化游戏右区
}
```

下面对 Init_Game 函数实现的功能进行详细介绍。

1. 隐藏光标

隐藏光标功能的实现需要使用 Windows API 函数，虽然相关知识超出了 C 语言的范围，但实现该功能的语句是固定的，具体如下：

```
void Hide_Cursor()
{
    HANDLE hOut = GetStdHandle(STD_OUTPUT_HANDLE);
    CONSOLE_CURSOR_INFO    cci;
    GetConsoleCursorInfo(hOut, &cci);
    cci.bVisible = 0;     //赋值 0 为隐藏，赋值 1 为可见
    SetConsoleCursorInfo(hOut, &cci);
}
```

2. 设置输出图形（方块）的颜色

通过 switch-case 语句为方块可设置 6 种颜色。

```
void set_Color(int c)
{
    switch(c)
    {
        case 0:   c=9;   break;
        case 1:
        case 2:   c=12; break;
        case 3:
        case 4:   c=14; break;
        case 5:   c=10; break;
        case 6:   c=13; break;
        default:  c=7;   break;
    }
    SetConsoleTextAttribute(GetStdHandle(STD_OUTPUT_HANDLE), c);
}
```

3. 定位光标到屏幕的指定坐标处

这里的坐标是文本模式下的坐标，即以（行，列）描述，而非像素。也使用了简单的 Windows API 函数，且语句固定。

```
void gotoxy(int x,int y)
{
```

```
COORD coord;        //行列的结构体
coord.X = x;
coord.Y = y;
SetConsoleCursorPosition(GetStdHandle(STD_OUTPUT_HANDLE), coord);
}
```

4. 读取历史最高得分

```
void Read_MaxScore()
{
    FILE *fp;
    fp = fopen("score.dat", "rb"); //以只读方式打开文件
    if (fp != NULL)
        fread(&MaxScore, sizeof(int), 1, fp);
    fclose(fp);
}
```

5. 使用二维数组对 28 种板块的形状进行描述、存储

二维数组 blocksShape[][]是一个全部变量，所以其 space[][]的缺省值全是 0，在对 space[][] 的 4*4 个元素赋值时，只需挑选其中的 4 个元素（每个代表一个小方块）赋值为 1 即可，因 为这 4 个元素的值代表了方块的形状。

```
void Init_Blocks()
{
    int i;
    //7 种基本形状之 T 型
    for(i=0; i<3; i++) blocksShape[0][0].space[1][i]=1;
    blocksShape[0][0].space[2][1]=1;
    //L1 型
    for(i=1;i<4;i++) blocksShape[1][0].space[i][1]=1;
    blocksShape[1][0].space[1][2]=1;
    //L2 型
    for(i=1;i<4;i++) blocksShape[2][0].space[i][2]=1;
    blocksShape[2][0].space[1][1]=1;
    //Z 型
    for(i=0; i<2; i++)
    {   //Z1 型
        blocksShape[3][0].space[1][i]   =1;
        blocksShape[3][0].space[2][i+1]=1;
        //Z2 型
```

```
    blocksShape[4][0].space[1][i+1]=1;
    blocksShape[4][0].space[2][i]  =1;
    //O 型（田字型）
    blocksShape[5][0].space[1][i+1]=1;
    blocksShape[5][0].space[2][i+1]=1;
}
//I 字型
for(i=0; i<4; i++)  blocksShape[6][0].space[i][2]=1;

//7 种基础形状的旋转状态 space_z，共计 7×3+7=21+7 种
int base, space_z, j, tem[4][4];
for(base=0; base<7; base++)
{   for(space_z=0; space_z<3; space_z++)
    {
        for(i=0; i<4; i++)
            for(j=0; j<4; j++)
                tem[i][j]=blocksShape[base][space_z].space[i][j];
        for(i=0; i<4; i++)
            for(j=0; j<4; j++)
                //一边坐标不变，另一边为 4-i-1，然后再行列互换，
                //可以保证 4 次旋转不同，如果仅仅行列互换，将只有两种状态
                blocksShape[base][space_z + 1].space[i][j] = tem[4-j-1][i];
    }
}
```

6. 界面大小设置及功能区划分

定义游戏界面的大小为 30×29（宽×高实际是 60×29）的矩形区块。其中游戏界面被分为三个区域：分别是游戏区、下一方块的提示区、游戏玩法简介和得分描述区。游戏区大小为 20×29（实际是 40×29），位于界面的左侧；提示区和描述区分别位于界面的右上侧和右下侧，两者没有严格界线、大小为 10×29（实际是 20×29）。它们合并在一起用 gameArea 进行描述，它包含着 data 和 color 两个二维数组表示的数据项，代表着 30×29 个小方块的数据值和颜色值（特别是游戏区左侧），数据值可取 WALL、BLANK 或 BOX，分别表示墙、空白、有方块。

（1）初始化游戏左区。

初始化游戏左区主要完成游戏区四周墙壁、非墙壁的绘制。

```
void Init_GameLeftArea()
{
    int i, j;
```

```
//输出游戏区四周的墙壁
for (i=0; i< ROWS-1; i++)
    for (j=0; j<COLS+10; j++)
        if (j==0||j==COLS-1||j==COLS+9)
        {//相当于结果图中的三列纵向分割线
            gameArea.data[i][j] = WALL;
            gotoxy(2*j,i);
            printf("■");   //中文黑方块，宽度占 2 个字符
        }
        else //中间区域都是空白
            gameArea.data[i][j] = BLANK;
//对游戏区的最后一行赋值并打印，表示最底部的墙壁
i=ROWS-1;
for (j=0;j<COLS+10; j++)
{
    gameArea.data[i][j] = WALL;
    printf("■");
}
}
```

（2）初始化游戏右区。

初始化游戏右区主要包括操作方法说明、历史最高得分和当前得分的显示。下面函数的功能是在指定坐标处输出上述相关信息。

```
void Init_GameRightArea()
{
    gotoxy(2*COLS+1 , ROWS-18);   printf("左移：←");
    gotoxy(2*COLS+1, ROWS-16);    printf("右移：→");
    gotoxy(2*COLS+1, ROWS-14);    printf("旋转：space");
    gotoxy(2*COLS+1, ROWS-12);    printf("暂停：S");
    gotoxy(2*COLS+1, ROWS-10);    printf("退出: ESC");
    gotoxy(2*COLS+1, ROWS-8);     printf("重新开始:R");
    gotoxy(2*COLS+1, ROWS-6);     printf("最高得分:%d", MaxScore);
    gotoxy(2*COLS+1, ROWS-4);     printf("当前得分:%d", Score);
}
```

10.3.3 游戏主体功能

游戏主体功能主要包括：方块下落及绘制，旋转及绘制，触底后判断能否被清除，清除时上方方块下移重绘，得分增加等。这一部分是游戏的核心，实现也最为复杂。

为清晰理解该部分功能，设计并绘制了主要函数的调用关系图，如图 10.10 所示。

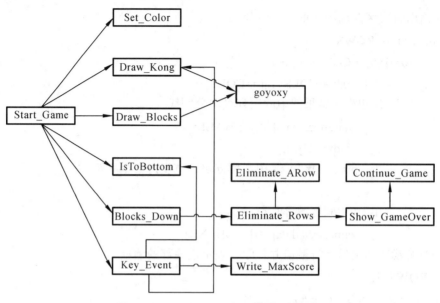

图 10.10　Start_Game 中函数调用关系图

10.3.4　主体功能函数的实现

1. 函数 Start_Game()的功能及实现

开始游戏，分为两部分：一是右侧的预报下一个方块的形状及绘制；二是 while(1)中的循环体，实现左侧游戏区内方块下落、堆叠、消除。

```
void Start_Game()
{
    int space_z=0, n;
    int x=COLS/2-2, y=0;//坐标，方块从顶部中间开始下落
    int t=0, i, j, ch;
    Draw_Kong(nBase, space_z, COLS+3, 4);//预报区
    n=nBase;            //记录当前 blocksShape 的 base
    nBase=rand()%7;     //随机生成下一俄罗斯方块的形状(7 种基本形状之一)
    set_Color(nBase);
    Draw_Blocks(nBase, space_z, COLS+3, 4);//在右侧预报区画下一方块的形状

    while( 1 )
    {
        set_Color(n);//把光标颜色调回当前 blocksShape 的 base
        Draw_Blocks(n, space_z, x, y);

        if(t==0) t=15000;
        while(--t) if(kbhit() != 0) break;//下落时（没有按键）的停顿
```

136

```
                if(t==0)//下落
                {
                        if(IsToBottom(n, space_z, x, y+1) != 1)
                        {
                                Draw_Kong(n, space_z, x, y);
                                y++;
                        }
                        else
                        {    BlocksDown(n,space_z, x, y);
                                return;
                        }
                }
                else
                {
                        ch=getch();
                        KeyEvent(ch, n, &space_z, &x, &y); //按键处理
                }
        }
}
```

2. 函数 Draw_Kong 的功能及实现

函数 Draw_Kong 的功能是覆盖前一个时刻 blocksShape 的区域，取而代之的是画空格。包括左侧的游戏区、右侧的预报区。

```
void Draw_Kong(int base, int space_z, int x, int y)
{
        int i, j;
        for (i=0; i<4; i++)
                for (j=0; j<4; j++)
                {
                        gotoxy(2*(x+j), y+i);
                        if (blocksShape[base][space_z].space[i][j] == 1)
                                printf("    ");   //两个空格符
                }
}
```

3. 绘制当前的方块

函数 Draw_Blocks 的功能是根据当前 blocksShape 的取值，在相应坐标处绘制一个俄罗斯方块。同样包括左侧的游戏区、右侧的提示区。

```
void Draw_Blocks(int base, int space_z, int x, int y)
{
```

```
        int i, j;
        for(i=0; i<4; i++)
        {
            for(j=0; j<4; j++)
            {
                gotoxy(2*(x+j), y+i);
                if(blocksShape[base][space_z].space[i][j] == 1)
                    printf("■");   //一个小方格占两个字符宽度
            }
        }
    }
```

4. 判断当前方块是否运动到底部

判断当前方块是否运动到底部了，包括两层含义：一是当前方块是否到达了游戏区的最底部；二是当前方块落在了其他方块的上方。WALL 与 BOX 称为底部，判断是否触碰到底部，触碰到底部返回 1，未触碰到底部返回 0。

```
    int IsToBottom(int base, int space_z, int x, int y)
    {
        int i, j;
        for(i=0; i<4; i++)
        {
            for(j=0; j<4; j++)
            {
                if(blocksShape[base][space_z].space[i][j]==0)
                    continue;
                else if(gameArea.data[y+i][x+j]==WALL || gameArea.data[y+i][x+j]==BOX)
                    return 1;
            }
        }
        return 0;
    }
```

5. 消除行

函数 Eliminate_Rows 的功能是：在游戏过程中，当一行或多行堆积满时的消除。它会调用 Eliminate_ARow 函数，每次清除一行，得分增加，相应行方块需要下落和重绘。若堆积到了第一行（顶部）则游戏结束。

```
    int Eliminate_Rows()
    {
        int i, j, sum, m, n;
```

```
        for(i=ROWS-2; i>4; i--)
        {
            sum=0;
            for(j=1; j<COLS-1; j++)        //计数一行上值为 1 的元素个数
            {
                sum+=gameArea.data[i][j];
            }
            if(sum==0) break;  //该行完全空白
            if(sum==COLS-2) //满行了，消除
                Eliminate_ARow(i);
        }
        //上面是消除行后的图形情况、得分情况

        //下面是游戏玩死了，得分与历史记录的比较，以及是否继续游戏
        for(j=1; j<COLS-1; j++)
            if(gameArea.data[1][j]==BOX)//第一行堆满，则游戏结束
                Show_GameOVer();            //
        return 0;
}
```

6. 清理一行

当一行上的小方块可以清除时，得分增加 100，将该行所有小方块置为空白来模拟清除，同时，将该行上方的所有行下移一行。

```
void Eliminate_ARow(int i){
    int mi,j;
    int sum;
    Score+=100;  //更新得分
    set_Color(7);
    gotoxy(2*COLS+1, ROWS-4);
    printf("分数：%d", Score);//输出得分
    for(j=1; j<COLS-1; j++)
    {   //将该行的所有值清空、输出空白
        gameArea.data[i][j]=BLANK;
        gotoxy(2*j, i);
        printf("   ");
    }
    for(mi=i; mi>1; mi--)
    {//消除了一行，上方的所有行必然会向下方下落一行，则涉及赋值、重绘
        sum=0;
```

```
            for(j=1; j<COLS-1; j++)
            {
                sum+= gameArea.data[mi-1][j];
                gameArea.data[mi][j]    = gameArea.data[mi-1][j];
                gameArea.color[mi][j] = gameArea.color[mi-1][j];
                if(gameArea.data[mi][j] == BLANK)
                {
                    gotoxy(2*j, mi);
                    printf("  ");
                }
                else
                {
                    gotoxy(2*j, mi);
                    set_Color(gameArea.color[mi][j]);
                    printf("■");
                }
            }
            if(sum == 0)
                break;
        }
    }
```

7. 键盘事件处理

键盘事件处理是指当按下旋转键时（程序中使用 SPACE 键），当前板块发生旋转，且是在 4 种形态间循环变化，完成对形态数组的重新赋值、坐标变化、重绘；若按下了 ESC 键可中止游戏、按下 S 键可暂停游戏、按下 R 键可重新开始游戏。

```
void KeyEvent(char ch, int n, int *space_z, int *x, int *y)
{
    switch(ch)
    {
        case LEFT:
            if(IsToBottom(n, *space_z, *x-1, *y) != 1)
            {
                Draw_Kong(n, *space_z, *x, *y);
                (*x)--;
            }
            break;
        case RIGHT:
            if(IsToBottom(n, *space_z, *x+1, *y) != 1)
```

```
            {
                    Draw_Kong(n, *space_z, *x, *y);
                    (*x)++;
            }
            break;
    case DOWN:
            if(IsToBottom(n, *space_z, *x , *y+1) != 1)
            {
                    Draw_Kong(n, *space_z, *x, *y);
                    (*y)++;
            }
            break;
    case SPACE:
            if(IsToBottom(n, (*space_z+1) %4, *x, *y + 1) != 1)
            {
                    Draw_Kong(n, *space_z, *x, *y);
                    (*y)++;
                    *space_z = (*space_z+1) %4;
            }
            break;
    case ESC:
            system("cls");
            Write_MaxScore();
            gotoxy(COLS, ROWS/2);           printf("    ---游戏结束---");
            gotoxy(COLS, ROWS/2 + 1);printf("---请按任意键退出---\n");
            getch();
            exit(0);
    case 'S':
    case 's':
            while (1)
            {
                    system("pause>nul");
                    break;
            }
            break;
    case 'R':
    case 'r':
```

```
        system("cls");        // 重新开始游戏前执行清屏命令
        main();
    }
}
```

8. 方块下落

当方块垂直下落时，需要修改游戏区中相关网格的值，进而判断是否清除。

```
void BlocksDown(int n,int space_z,int x,int y){
    int i, j;
    for(i=0; i<4; i++)
        for(j=0; j<4; j++)
            if(blocksShape[n][space_z].space[i][j] == 1)
            {
                gameArea.data[y+i][x+j]=BOX;
                gameArea.color[y+i][x+j]=n;
                while(Eliminate_Rows());
            }
}
```

9. 是否继续游戏

即一次游戏结束后，是否立即开始下一次游戏。这通过键盘输入"YN"来确认。

```
void ContinueGame(){
    gotoxy(2*(COLS/3), ROWS/2 +2);
    printf("请问是否继续游戏？(y/n)：  ");
    char ch=getchar();
    if(ch=='Y' || ch=='y')
      {
        system("cls");        // 重新开始游戏前执行清屏命令
        main();
      }
    else if(ch=='N' || ch=='n')        exit(0);
    else
    {
        gotoxy(2*(COLS/3), ROWS/2 +1);
        printf("输入错误，请重新输入！");
    }
}
```

10. 游戏结束时显示相关信息

当游戏玩死了，显示游戏结束，输出本次游戏的得分，询问是否继续游戏等。

```
void Show_GameOVer(){
    Sleep(1000);  //延时，给玩家反应时间
    system("cls");
    set_Color(7);
    gotoxy(2*(COLS/3), ROWS/2 -2);
    if(Score > MaxScore)
    {
        printf("恭喜您打破记录，目前最高得分为：%d", Score);
        Write_MaxScore();
    }
    else if(Score == MaxScore)
        printf("记录持平，加油啊！");
    else
        printf("请继续努力，您与最高纪录之差：%d", MaxScore - Score);
    gotoxy(2*(COLS/3), ROWS/2);
    printf("GAME OVER!");

    ContinueGame();
}
```

10.4 测 试

图 10.11、10.12 是两次运行程序的效果图。

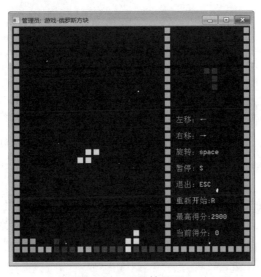

图 10.11 运行效果图 1

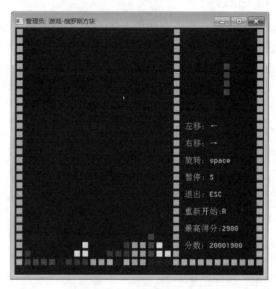

图 10.12　运行效果图 2

从图中可以发现一些问题：

（1）游戏区左侧最后一行，本来表示墙壁，但程序运行时却被下落的方块覆盖。这可以通过减小变量 gameArea 的数据项 data [ROWS][COLS+10]和 color[ROWS][COLS+10]中的 ROWS 来达到，即将 ROWS 改为 ROWS-1。

（2）在一次游戏玩死后，若继续游戏会发生得分被累加、新得分与旧得分同时存在的情况。得分被累加可通过将 Score 重新赋值为 0 来实现；旧得分仍输出的问题可通过先输出空格字符串再定位光标的方式实现。

（3）程序中使用了直接调用 main 函数的方式实现"继续游戏"，这是一个不好的做法，可以加以改进。

10.5　总　结

程序使用纯文本方式的编程实现了俄罗斯方块游戏，达到了项目的基本需求。但程序仍存在一些缺陷：

（1）程序中使用了较多的全局变量，导致函数之间的耦合性强，不利于函数的重用。

（2）程序可以进行精简，因为一个函数内的代码行过多（超过了 30 行）。

（3）程序中只对方块当前位置和旋转或下落时经历过的位置进行了绘制，使得重绘空白和方块过于复杂。完全可以采取全部重绘游戏区的方式来代替，这样可能思路更为简单，但效率可能差一些。

（4）程序中函数功能的逻辑关系不够顺畅、甚至在功能上有些混乱，需要进行调整、优化。

（5）游戏过程中，方块的下落速度是固定的，与得分多少没有关系。这不能增强游戏的体验感和刺激感，但对项目的测试有利。

第 11 章 学生成绩管理

学生在平时的学习、生活中接触最多的就是各种信息管理系统，因而对"学生成绩管理系统"的目标、任务、功能相对来说最为熟悉，容易理解和上手简便。

学生成绩管理系统是利用计算机对学生成绩进行统一的管理，实现学生成绩的录入、维护、排序、统计、保存到文件、读取文件中的学生信息等操作。

通过本章的学习，读者应掌握：

（1）如何合理选择和定义数据的数据类型、存储结构。

（2）如何实现文本菜单的设计。

（3）如何实现结构体数组的输入、输出、增删改查、排序等操作。

（4）如何实现文件的读写、修改操作。

（5）如何进行输入数据合法性的测试。

11.1 需求分析

学生成绩管理系统主要实现对学生成绩的统一管理，其中每条学生记录包含的学生信息主要有学号、姓名、多门课程的成绩，具体功能描述如下：

（1）录入学生的成绩信息，包括录入学生的学号、姓名、多门课程的成绩，且支持一次录入多名学生的信息。

（2）保存学生信息到二进制文件。能够将录入或修改后的学生信息写入二进制文件永久保存。

（3）从二进制文件中读取学生信息存储到结构体变量或结构体数组之中。

（4）添加学生记录。允许添加一条或多条学生记录，若此前一条记录都没有，则可以通过键盘输入来添加学生记录。

（5）删除学生记录。可以根据学号进行学生记录的删除。

（6）修改学生记录。可以根据学号修改对应学生的相关信息。

（7）查找学生记录。可以根据学号、姓名查找学生记录。

（8）学生成绩统计。可以根据每门课程的成绩、总分等进行成绩的统计。

（9）学生记录排序。可以分别按学号、姓名、成绩等进行排序。

（10）显示所有或部分学生的信息。

上述功能可通过如图 11.1 所示的用例图进行描述。

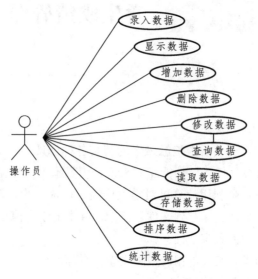

图 11.1 项目用例图

11.2 总体设计

11.2.1 项目功能图

学生成绩管理系统的功能如图 11.2 所示。

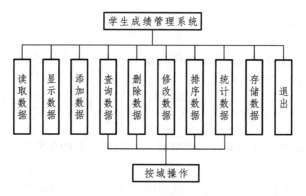

图 11.2 项目功能图

11.2.2 项目操作流程图

为了顺利实现上述各功能，避免每次运行程序都需要输入大量数据，设计了如下系统操作流程，如图 11.3 所示。

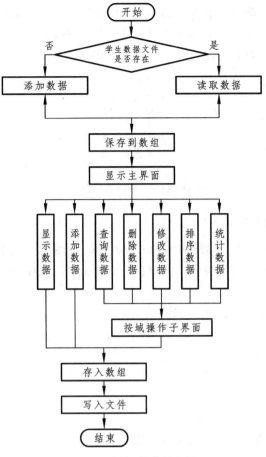

图 11.3 项目操作流程图

11.3 详细设计

11.3.1 菜单设计

为了增强系统的交互性、操作的简便性，决定以文本菜单的形式显示操作的主界面、子界面。系统主界面如图 11.4 所示。

```
         学生成绩管理系统

    ***********操作主界面***********
    *                             *
    *         1 显示              *
    *         2 查询              *
    *         3 排序              *
    *         4 统计              *
    *                             *
    *         5 添加              *
    *         6 修改              *
    *         7 删除              *
    *                             *
    *         0 退出              *
    *                             *
    *******************************
```

图 11.4 系统主界面

其中，查询、排序、统计、修改、删除等功能都应具有二级菜单。例如查询，实际应用中可以按照学号、姓名、专业、班级等不同属性进行查询操作，得到的结果也是不一样的。所以，针对查询，设计了如下的查询子菜单，其界面如图 11.5 所示。

```
--------------查询界面--------------
|           1 按学号查询           |
|           2 按姓名查询           |
|           3 按专业查询           |
|           3 按班级查询           |
|           0 返回上一层           |
----------------------------------
```

图 11.5　查询子界面

11.3.2　数据结构设计

本系统中定义了一个学生信息结构体 StuType，用于抽象、封装学生的属性信息，该结构体的数据项至少包括学生学号、姓名、性别、一个描述多门课程成绩的浮点型数组。所有学生记录再组织成结构体数组。

学生使用如下的结构体类型进行描述：

```
typedef   struct   student
{
    char    number[11];      //学号
    char    name[9];         //姓名
    char    sex;             //性别
    double    score[5];      //5 门课程的成绩
} STUType;
```

其中，学号这一数据项包含有多层含义，如学生的入学年份、专业、班级、班级内的序号等，它们分别使用固定长度的数字串描述，从而组成学号。

学生这一结构体类型是本项目唯一的复杂数据类型。

11.3.3　功能设计

通过前面的系统功能图和操作流程图，了解到某些功能的实现仅仅需要一级菜单，其通过一个函数就可实现，有些功能包含有二级甚至三级菜单，需要通过多个或多层函数的调用来实现。

1. 主菜单设计

系统主菜单的显示效果如图 11.4 所示。实现这个主菜单的显示，仅需通过多次调用 printf 这个库函数输出相应字符串常量即可，将这些 printf 输出语句组织成 showMainMenu 函数，该函数首部如下：

```
void showMainMenu( )
```

该函数不需要返回值和参数，因为其显示的内容是固定不变的。

2. 子菜单设计

图 11.5 展示的是查询子菜单的显示效果。

从主菜单的显示到子菜单的显示，中间需经历数字字符的输入、匹配，简易的算法如图 11.6 所示。

各子菜单的显示，也是通过 printf 输出相应字符串常量来实现的。

除查询功能具有子菜单外，排序、统计、修改也需设计相应的子菜单。相关函数的首部分别如下：

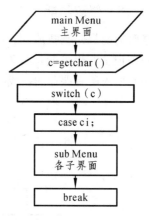

```
void searchMenu( );      //查询子界面
void sortMenu( );        //排序子界面
void countMenu( );       //统计子界面
void modifyMenu( );      //修改子界面
void deleteMenu( );      //删除子界面
```

图 11.6　如何进入子菜单

11.3.4　读取功能

从外部的二进制文件 stuData.dat 中读取所有数据到 stuType 型结构体数组 stuArray[ ]，涉及以指定模式打开二进制文件、循环读取结构体数据到数组并计数、返回数组中实际元素的个数以及各数组元素的值。读取外部文件数据的函数首部如下：

void readFromFile(StuType*stuArray,int *pCount)

11.3.5　写入功能

将内存中的记录写入二进制文件 stuData.dat，包含两种情况：一是将经历了动态操作后的结构体数组中全部数据写入二进制文件；二是将经历过修改操作的一条或几条记录写入二进制文件。理论上讲，它们需要分别使用不同函数来实现，但为了简化操作，任何动态操作都是在结构体数组上进行的，因而可以归类到第一种情况。写入函数的首部如下：

void writeAllToFile(StuType *stuArray,int count)

11.3.6　显示功能

显示则是将单个结构体变量中的记录通过 printf 输出到显示屏上。函数原型如下：

void showAStu(StuType aStu)

若需要显示结构体数组中所有的记录，只需循环调用上面的函数即可。函数原型如下：

void showAllStu(StuType *stuArray,int count)

11.3.7　查找功能

查找具有子菜单，实现查找功能需先选定数据项、再指定数据项的值、查找得到的结果可能是 0 条记录、一条记录或多条记录。所以，根据被查找数据项的不同，需设计不同的函数。

int searchByNumber(StuType *stuArray,int count,char *pNo)//按学号查询

void searchByName(StuType *stuArray,int count,char *name,StuType*resultArray,int*pCount)

11.3.8 修改功能

修改的前提是查找成功，即查找到满足条件的记录后才能执行修改操作。修改可能针对的是一条记录，也可能是多条记录。为了简化操作，仅提供按学号查询后的修改成绩操作，且需同时输入所有课程的新成绩。修改功能的实现算法如图 11.7 所示。

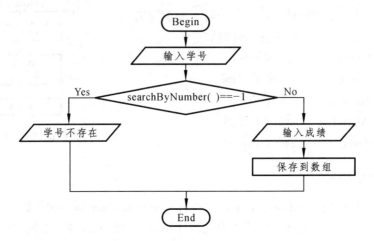

图 11.7 修改指定学号成绩的算法流程图

图 11.7 中 searchByNumber 函数的功能是实现查找，该函数的算法如图 11.8 所示。

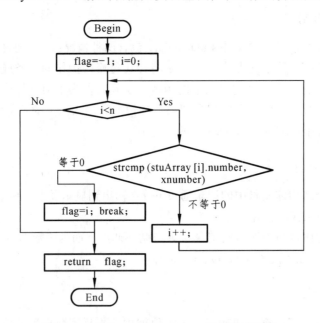

图 11.8 函数 searchByNumber 的算法流程图

该函数的首部如下：

int modifyByScore( );

150

11.3.9　排序功能

排序操作可以针对不同的数据项进行，即排序功能存在子菜单，但各子菜单功能的实现算法相似。例如：

void sortByScores(StuType *stuArray,int count);//按总成绩或平均成绩排序

void sortByAScore(StuType *stuArray,int count,int i)//按第 i 门课程的成绩进行排序

11.3.10　统计功能

统计操作可以针对不同的数据项进行，即统计功能存在子菜单，但各子菜单功能的实现算法相似。该功能的实现既可以单独实现，也可以借助排序来实现。例如：

//统计超过平均分的学生记录

void countByScores(StuType *stuArray,int count,int aveScore,

　　　　StuType *resultStuArray,int *pCount)

//统计第 i 门课程超过指定分的学生记录

void countByAScore (StuType *stuArray,int count,int score,int i,

　　　　StuType *resultStuArray,int *pCount)

11.4　程序编码

11.4.1　工程组织结构图

为了清晰直观地组织各程序文件，将所有菜单界面组织到头文件 menu.h 之中，将主界面上各功能的实现组织到 funMain.h 之中，将各子界面功能的实现函数组织到 basefun.h 文件之中。

还定义了两个外部变量，一个是存储学生记录的结构体数组 stuArray，一个是存储学生信息的外部文件 stu.dat。

所有文件、外部变量组织成工程。

工程的组织结构如图 11.9 所示。

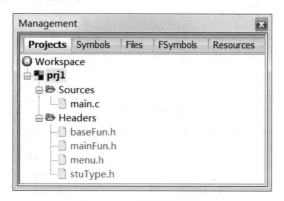

图 11.9　工程组织结构图

11.4.2　函数原型

所有函数的原型如图 11.10 所示。

图 11.10　函数原型

11.4.3　menu.h 头文件

下面是 menu.h，包含实现主界面、子界面显示的函数及其代码。

```
#ifndef MENU_H_INCLUDED
#define MENU_H_INCLUDED
//主界面
void   mainMenu(   )
{
    system("CLS");
    printf("\n              学生成绩管理系统\n\n");
    printf("**************操作主界面**************\n");
    printf("*                                    *\n");
    printf("*          1 显示                     *\n");
    printf("*          2 查询                     *\n");
    printf("*          3 排序                     *\n");
    printf("*          4 统计                     *\n");
    printf("*                                    *\n");
```

```c
    printf("*                    5 添加                    *\n");
    printf("*                    6 修改                    *\n");
    printf("*                    7 删除                    *\n");
    printf("*                                              *\n");
    printf("*                    0 退出                    *\n");
    printf("*************************************** \n");
    printf("请选择 0 ~ 7 进行相关操作：");
}

//查询子界面
void    searchMenu( )
{
    system("CLS");
    printf("\n\t\t 查询界面\n");
    printf("--------------------------------------\n");
    printf("-                1 按学号查询                -\n");
    printf("-                2 按姓名查询                -\n");
    printf("-                3 按班级查询                -\n");
    printf("-                4 按年级查询                -\n");
    printf("-                5 按专业查询                -\n");
    printf("-                                            -\n");
    printf("-                0 返回上一层                -\n");
    printf("--------------------------------------\n");
    printf("请选择 0 ~ 5 进行相关操作：");
}

//修改子界面
void    modifyMenu( )
{
    system("CLS");
    printf("\n\t\t 修改界面\n");
    printf("--------------------------------------\n");
    printf("-                1 修改姓名                -\n");
    printf("-                2 修改性别                -\n");
    printf("-                3 修改成绩                -\n");
    printf("-                                          -\n");
    printf("-                0 返回上层                -\n");
    printf("--------------------------------------\n");
    printf("请选择 0 ~ 3 进行相关操作：");
```

```c
    }

//排序子界面
void    sortMenu( )
{
    system("CLS");
    printf("\n\t\t 排序界面\n");
    printf("--------------------------------------\n");
    printf("-                   1 按平均成绩排序           -\n");
    printf("-                   2 按学号排序               -\n");
    printf("-                                            -\n");
    printf("-                   0 返回上层                -\n");
    printf("--------------------------------------\n");
    printf("请选择  0 ~ 2 进行相关操作： ");
}


//统计子界面
void    countMenu( )
{
    system("CLS");
    printf("\n\t\t 统计界面\n");
    printf("--------------------------------------\n");
    printf("-                 1 按成绩统计               -\n");
    printf("-                                           -\n");
    printf("-                 0 返回上层                 -\n");
    printf("--------------------------------------\n");
    printf("请选择 0 ~ 1 进行相关操作： ");
}


//删除界面
void    deleteMenu( )
{
    system("CLS");
}
#endif // MENU_H_INCLUDED
```

11.4.4   mainFun.h 头文件

下面是 mainFun.h 头文件，包含实现各主界面功能的函数及其代码，即实现一级菜单的功能。

```c
#ifndef MAINFUN_H_INCLUDED
```

```c
#define MAINFUN_H_INCLUDED
//显示所有学生记录
void    showAll(STUType *stuArray,int    n)
{
    int    i;
    system("CLS");
    printf("所有学生的各项信息分别是:\n");
    showTableHeader();
    for(i=0; i<n; i++)          showAStu(stuArray,i);
    printf("\n");
    pressContinue(    );
}

//按不同方式进行查询操作
void    search(STUType *stuArray,int    n)
{
    int    i;
    char    c;
    do
    {
        system("CLS");
        searchMenu(    );
        c=getchar(    );
        fflush(stdin);
        if(c=='0') break;
        switch(c)
        {
        case '1':
            printf("请输入待查找学生的学号:");
            char number[10];
            gets(number);
            fflush(stdin);
            i=searchByNumber(stuArray,n,number);
            if(i>=0)
            {
                showTableHeader( );
                showAStu(stuArray,i);
            }
            else    printf("未找到该学号!!!\n");
```

```
                break;
            case '2':
                printf("相关代码正在补充中!\n");
                break;
            case '3':
                printf("相关代码正在补充中!\n");
                break;
            case '4':
                printf("相关代码正在补充中!\n");
                break;
            case '5':
                printf("相关代码正在补充中!\n");
                break;
            }
            pressContinue();
        }
    while(c!= '0');
}


//修改学生的相关信息
void    modify(STUType *stuArray,int    n)
{
    char    c;
    system("CLS");
    while(1)
    {
        modifyMenu();
        c=getchar(    );
        fflush(stdin);
        if(c=='0') break;
        printf("请输入待修改学生的学号:");
        char number[11];
        gets(number);
        fflush(stdin);
        switch(c)
        {
        case '1':
            printf("相关代码正在补充中!\n");      //
            break;
```

156

```
        case '2':
            printf("相关代码正在补充中!\n");    //
            break;
        case '3':
            modifyByScore(stuArray,n,number);
            break;
        }
        pressContinue();
    }
}

//从数组中删除一条学生的信息
void    deleteAStu(STUType *stuArray,int *n)
{
    system("CLS");
    printf("您将进行删除操作......\n");
    printf("请输入待删除学生的学号:");
    char number[11];
    gets(number);
    fflush(stdin);
    deleteData(stuArray,n,number);
    pressContinue();
}

//按平均成绩进行排序
void    sort(STUType *stuArray,int    n,double *aveScore)
{
    char    c;
    while(1)
    {
        sortMenu(    );
        c=getchar(    );
        fflush(stdin);
        if(c=='0') break;
        switch(c)
        {
        case '1':
            calAveScore(stuArray,n,aveScore);
            sortByScore(stuArray,n,aveScore);
```

```
                break;
            case '2':
                printf("相关代码正在补充中!\n");        //
                break;
            }
            pressContinue(   );
        }
    }


//按平均分进行统计操作
void    count(STUType *stuArray,int n,double *aveScore)
{
    char    c;
    while(1)
    {
        countMenu(   );
        c=getchar(   );
        fflush(stdin);
        int    total;
        if(c=='0') break;
        switch(c)
        {
        case '1':
            calAveScore(stuArray,n,aveScore);
            printf("请输入一个成绩，用于统计:");
            double    scoreT;
            scanf("%lf",&scoreT);
            fflush(stdin);
            total=countByScores(aveScore,n,scoreT);
            printf("高于该成绩的学生有%d 个.\n",total);
            break;
        case '2':
            printf("相关代码正在补充中!\n");
            break;
        }
        pressContinue(   );
    }
}
#endif // MAINFUN_H_INCLUDED
```

11.4.5 baseFun.h 头文件

下面是 baseFun.h 头文件，包含实现各子界面功能的函数及其代码。

```c
#ifndef BASEFUN_H_INCLUDED
#define BASEFUN_H_INCLUDED

//外部变量，多文件共用一个外部数据文件
extern   char *fileName;

//按任意键继续
void   pressContinue(   )
{
    printf("\npress any key to continue!!!!!");
    getch(   );
    fflush(stdin);
    system("CLS");
}

//输入一个学生的信息
STUType   inputStu( )
{
    STUType    stu;
    system("CLS");
    printf("请输入一个学生的相关信息:\n");
    printf("\t 学号:");
    gets(stu.number);
    fflush(stdin);
    printf("\t 姓名:");
    gets(stu.name);
    fflush(stdin);
    printf("\t 性别(f、m):");
    scanf("%c",&stu.sex);
    fflush(stdin);
    printf("\t5 门课程的成绩:");
    int i;
    for(i=0; i<5; i++)   scanf("%lf",&stu.score[i]);
    fflush(stdin);
    printf("\n");
    return    stu;
```

```
    }

//从外存文件读取所有数据到结构体数组，返回记录个数
int    readFromFile(STUType *stuArray,char *fileName)
{
    int i=0;
    FILE    *fp=fopen(fileName,"rb");
    if(fp==NULL)
    {
        printf("文件未找到!\n");
        fclose(fp);
    }
    else
    {
        fread(&stuArray[i],sizeof(STUType),1,fp);
        while(!feof(fp))
        {
            i++;
            fread(&stuArray[i],sizeof(STUType),1,fp);
        }
        fclose(fp);
        printf("\n 已读取数据到数组，共 %d 条记录!\n",i);
    }
    return    i;            //记录总数
}

//输出学生信息的表头
void    showTableHeader()
{
    printf("\n 序号学号\t 姓名\t 性别\t 成绩 1\t 成绩 2\t 成绩 3\t 成绩 4\t 成绩 5\n");
}

//显示下标为 i 的记录
void    showAStu(STUType *stuArray,int i)
{
    printf("[%d]    ",i+1);
    printf("%-10s\t",stuArray[i].number);//
    printf("%s\t",stuArray[i].name);
    printf("%c\t",stuArray[i].sex);
```

```c
    int    k;
    for(k=0; k<5; k++) printf("%-11.1f",stuArray[i].score[k]);
    printf("\n");
}


//为避免频繁读写外存文件，将追加的记录插入到数组尾部
void    append(STUType *stuArray,int *pn,char *fileName)
{
    char    flag=0;
    int n=*pn;
    STUType    stu;
    do
    {
        stu=inputStu(    );
        stuArray[n++]=stu;
        printf("\n 您想继续添加吗？回答 y or Y    或者 n or N :");
        flag=getchar(    );
        fflush(stdin);
    }
    while(flag=='y'||flag=='Y');
    *pn=n;
    return ;
}


//查找指定学号的学生是否存在
int    searchByNumber(STUType *stuArray,int    n,char *number)
{
    int    flag=-1,i;
    for(i=0; i<n; i++)
        if(strcmp(stuArray[i].number,number)==0)
        {
            flag=i;
            break;
        }
    return    flag; //返回查找是否成功的标记（下标）
}


//修改指定学号对应学生的成绩
void    modifyByScore(STUType *stuArray,int    n,char *number)
```

```
{
    int   flag=searchByNumber(stuArray,n,number);//查找指定学号的学生
    if(flag>=0)
    {
        printf("\n 找到了该学号对应的学生!!!\n");
        showTableHeader();
        showAStu(stuArray,flag);
        printf("他的原始成绩依次是:%.1f,   %.1f,   %.1f,   %.1f,   %.1f\n",
                stuArray[flag].score[0],
                stuArray[flag].score[1],
                stuArray[flag].score[2],
                stuArray[flag].score[3],
                stuArray[flag].score[4]);
        printf("请依次输入新成绩:");
        scanf("%lf%lf%lf%lf%lf",
                &stuArray[flag].score[0],
                &stuArray[flag].score[1],
                &stuArray[flag].score[2],
                &stuArray[flag].score[3],
                &stuArray[flag].score[4]);
        printf("\nOK，修改完成!\n");
    }
    else printf("\n 该学号未找到!\n");
    return   ;
}


//将存储有学生信息的结构体数组写入文件
void   writeToFile(STUType *stuArray, int   n, char *fileName)
{
    FILE *fp=fopen(fileName,"wb");
    int   i;
    for(i=0; i<n; i++) fwrite(&stuArray[i],sizeof(STUType),1,fp);
    fclose(fp);
}


//在具有 n 个元素的数组中查找学号为 number 的记录，删除、移动数组
void   deleteData(STUType *stuArray,int *n,char *number)
{
    int   i, flag=searchByNumber(stuArray,*n,number);
```

```
        if(flag>=0)
        {
                printf("\n 找到了，您真的要删除吗？请谨慎选择，Y or y,N or n:");
                char    c=getchar();
                fflush(stdin);
                if(c=='Y' ||c=='y')
                {
                        for(i=flag+1; i<*n; i++)    stuArray[i-1]=stuArray[i];
                        (*n)--;
                        printf("\nOK，删除完成!\n");
                }
                else    printf("您取消了删除!\n");
        }
        else    printf("该学号对应的学生未找到!\n");
}


//计算每名学生的平均成绩
void    calAveScore(STUType *stuArray,int    n,double *aveScore)
{
        int    i,j;
        printf("\n 下面是排序前所有学生的学号及平均成绩:\n");
        printf("[学号]\t    [平均成绩]\n");
        for(i=0; i<n; i++)
        {
                aveScore[i]=0;
                for(j=0; j<5; j++)    aveScore[i]+=stuArray[i].score[ j];
                aveScore[i]/=5;
                printf("%-10s    %.1f\n",stuArray[i].number,aveScore[i]);
        }
}


//按平均成绩进行冒泡排序，得到非递减的序列
void    sortByScore(STUType *stuArray,int    n,double *aveScore)
{
        STUType    tstu;
        double    tscore;
        int    i, j;
        for(i=1; i<n; i++)
                for( j=0; j<n-i; j++)
```

```
            if(aveScore[j]>aveScore[j+1])
            {
                    tscore=aveScore[j];
                    aveScore[j]= aveScore[j+1];
                    aveScore[j+1]=tscore;      //平均成绩交换
                    tstu=stuArray[j];
                    stuArray[j]=stuArray[j+1];
                    stuArray[j+1]=tstu;                //交换记录
            }
    printf("\n 按平均成绩排序完成!\n");
}


//在排序的基础上，统计平均分高于 scoreT 的学生人数
int    countByScores(double *avescore, int n, double scoreT)
{
    int    total=0, i;
    for(i=0; i<n; i++)
        if(avescore[i]>=scoreT) total++;
    return    total;
}


#endif // BASEFUN_H_INCLUDED
```

11.5 测 试

在本项目中，针对学生这一结构体类型，虽然考虑了学号赋予的实际意义，但程序中并没有针对学生的入学年份、专业、班级等进行相关的分析与判断。所以，本项目距离实际应用还有较大差距。

在进行程序的测试时主要针对输入数据（学生信息）的合法性进行测试验证。

针对本项目设计如下测试用例（测试数据），发现的问题见表 11-1。

表 11-1 测试用例

用例编号	用例内容	发现的问题
T1	输入的学号为空串	学号作为关键字不允许为空
T2	输入的学号含字母字符	不符合常理
T3	添加记录时输入重复的学号	学号作为关键字不允许重复
T4	输入的姓名含数字、标点符号	不符合常理
T5	输入代表性别的字符不是 m、f 或 M、F	描述性别的方式混乱

164

用例编号	用例内容	发现的问题
T6	输入成绩时输入了字母	部分成绩是任意值
T7	输入的成绩不在[0,100]之间	不符合常理
T8	输入学号出现重复	不符合常理

例如，学号的长度应该是固定的，其 10 个字符只能是数字字符，各下标处的数字应具有特定的取值范围及含义，学号不能重复；姓名应该是字母字符或者汉字组成的字符串，长度不能超过 9 个字符；性别只能取值 'f' 或 'm'、'F' 或 'M'，可以考虑使用枚举类型；5 门功课的成绩都是数值型的，若一个值输入错误将导致后续成绩无效；在进行查询操作时，符合条件的记录可能是多个等等。

下面以学号的合法性为例，对发现的问题进行修复。

假定学号的串长必须是 10，前 4 位代表入学年份，后面每 2 位分别代表专业、专业内班级序号、班内序号，且入学年份在[2000,2100]内，专业编号在[1,50]内，班级序号在[1,20]内，班内序号在[1,60]内。

为解决学号的合法性问题，设计了 subStr( )、xueHaoIsValid( )函数。subStr( )函数的功能是求子串，xueHaoIsValid( )函数的功能是验证学号的合法性。xueHaoIsValid( )函数的算法描述如图 11.11 所示。

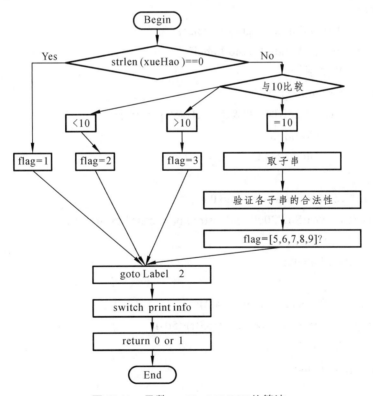

图 11.11　函数 xueHaoIsValid( )的算法

几个函数的具体代码如下：

```c
//取子串。在串 str 中从下标为 start 开始，取连续的 len 个字符构成子串
char *substr(char*str,int start,int len)
{
    int maxSize=10;
    char *t=(char*)malloc(maxSize*sizeof(char));
    int i=0;
    while(i<len){t[i]=str[start+i];i++;}
    t[i]=0;
    return t;
}
//检验学号的长度、字符类别、各特定子串的取值范围
int xueHaoIsValid(char *xueHao)
{
    int inValid=0; //初始假设学号合法
    int len;
    len=strlen(xueHao);
    if(len==0) {inValid=1; goto Label2;}    //空串
    else{
        int i=0;
        if(len<10) {inValid=2; goto Label2;}
        if(len>10) {inValid=3; goto Label2;}
        //非全数字字符
        for(i=0;i<len;i++)
            if(!(xueHao[i]>= '0' && xueHao[i]<= '9')){
                inValid=5;
                goto Label2;
            }
        char* yearStr=substr(xueHao,0,4);
        if(strcmp(yearStr,"2000")<0 || strcmp(yearStr,"2100")>0){
            inValid=6;
            goto Label2;
        }
        char *depStr=substr(xueHao,4,2);
        if(!(atoi(depStr)>0 && atoi(depStr)<50)){
            inValid=7;
            goto Label2;
        }
        char *gradeStr=substr(xueHao,6,2);
        if(!(atoi(gradeStr)>0 && atoi(gradeStr)<20)){
```

```
                inValid=9;
                goto Label2;
            }
        char *orderStr=substr(xueHao,9,2);
        if(!(atoi(orderStr)>0 && atoi(orderStr)<60)){
                inValid=9;
                goto Label2;
            }
        }
Label2:
    switch(inValid){
        case 0:break;
        case 2:printf("学号的长度不足 10！");break;
        case 3:printf("学号的长度超过 10！");break;
        case 5:printf("学号只能是数字字符！");break;
        case 6:printf("学号中前 4 位代表入学年份。");
                printf("有效值是【2000～2100】，您的输入不合法！");
                break;
        case 7:printf("学号中的 5～6 位代表专业的编号。")
                printf("有效值是【1～50】，您的输入不合法！");
                break;
        case 9:printf("学号中的 7～9 位代表班级的编号。")
                printf("有效值是【1～20】，您的输入不合法！");
                break;
        case 9:printf("学号的最后 2 位代表班级内的序号。")
                printf("有效值是【1～60】，您的输入不合法！");
                break;
        }
    if(inValid==0) return 1;                //return 1;表示学号合法
    else{
        printf("\n 请重新输入学号:");
        return 0;                           //return 0;表示学号非法
    }
}
//循环输入学号，直到得到合法值为止
char *inputXueHao( ){
    char *xueHao=(char*)malloc(11*sizeof(char)); //存放输入的学号字符串
    int flag;
    do{
```

```
        gets(xueHao);        fflush(stdin);
        flag=xueHaoIsValid(xueHao);
    }while(flag!=1);
    return xueHao;
}
```

上面的 3 个函数，仅与 baseFun.h 头文件中的 inputStu 函数直接相关，inputStu 函数的修改如下：

```
STUType    inputStu( )
{
    STUType    stu;
    system("CLS");
    printf("请输入一个学生的相关信息:\n");
    printf("\t 学号:");

    strcpy(stu.number,inputXueHao());//gets(stu.number);

    printf("\t 姓名:");
    gets(stu.name);
    fflush(stdin);
    printf("\t 性别(f、m):");
    scanf("%c",&stu.sex);
    fflush(stdin);
    printf("\t5 门课程的成绩:");
    int i;
    for(i=0; i<5; i++)    scanf("%lf",&stu.score[i]);
    fflush(stdin);
    printf("\n");
    return    stu;
}
```

可以参照上面新增的 3 个函数以及对 inputStu 函数的修改，对姓名、性别、成绩进行类似地处理。

11.6 总 结

本项目运用的 C 语言知识和技术主要有结构体类型的定义、结构体数组（顺序存储结构）元素的输入输出和赋值、文本菜单的设计、功能的模块化和函数的设计与实现，特别是函数的参数和返回值、文件的读写等。

功能拓展方面，可考虑使用条形图的方式展示学生各科成绩，从而利用图形可视化来比较最高分、平均分、最低分等。

本项目设计和实现的功能与现实应用相比较，还存在一定的差距。如没有考虑学生转专业、留级、不同专业课程设置的不同等情况。读者可以结合上述问题进行思考，从而加以改进、完善、拓展。

本章利用 C 语言的结构体数组、单链表等数据结构，编程实现一个文本界面的手机通讯录管理系统。在此管理系统中，用户可以使用简洁的数字键选择菜单命令，完成通讯录中各种信息的增删改查等操作。

通过本章的学习，应掌握下列知识：

（1）如何合理选择和定义数据的数据类型、存储结构。

（2）如何实现复杂的数据结构。

（3）如何实现汉字按拼音排序。

（4）如何实现信息的关联。

12.1　需求分析

通讯录是手机功能的重要组成部分。在手机中，通讯录以联系人为标题、以各联系人姓名的汉语拼音为序进行分类排列；还可以包括我的名片、我的群组、黄页等信息；点击相关选项之后，可进入下一层进行查看、编辑、修改；还包括联系人的导入导出功能等。其设计目的在于快捷、简便地使用。参照手机上的联系人通讯录，使用 C 语言设计一个类似的软件，具备相似的功能。

针对需要解决的问题，设计了如图 12.1 所示的用例图。

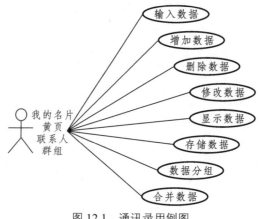

图 12.1　通讯录用例图

具体地说，我的名片包括的主要信息有姓名、电话、QQ 号、电邮等，对应的操作则包括增删改、显示等；黄页包括的主要信息有企业名称、电话、网址等，对应的操作则包括增删改查、显示等；联系人的主要信息以我的名片信息为模版，增加了群信息，能够通过联系人进行信息的查询，能够通过群组搜索到关联的联系人信息。

12.2 总体设计

12.2.1 项目功能图

本项目按信息的类别划分为五大功能，如图 12.2 所示。

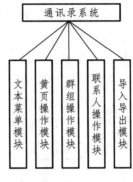

图 12.2 项目功能图

1. 文本菜单模块

文本菜单模块由固定不变的字符串构成，通过按键来进行各级关联菜单的显示和执行。

2. 黄页操作模块

从手机实物角度来看，"黄页"中涉及的部门及联系方式是固定的、自动获取的，不可更改；从软件模拟的角度来看，其公司或部门以及联系方式则是人为建立的、可扩充修改的。在这一点上，两者是存在差距的。

黄页操作模块必须具备的功能有增删改查、显示、存储、读取等操作。黄页与联系人存在一些差别，考虑这两者定义不同的数据类型、使用不同的文件进行存储。

3. 群组操作模块

群组是联系人的分类，也就是机主与联系人之间的亲属或从属关系，这种关系一般是固定的，考虑使用枚举类型来进行定义。因而对群组的操作只涉及群组名称的显示。不涉及对其的动态操作，与其关联的联系人信息则通过联系人的姓名来获取，或者说同群组的联系人可组织成一个数组或一个链表。

4. 联系人操作模块

联系人操作模块是重点，涉及对它的增删改查、显示、存储、读取等操作，核心是联系人数据类型的定义、组织和存储，另一点则是必须考虑数据冗余问题。

5. 导入导出模块

将各种信息（我的名片、黄页、联系人等）存入二进制文件或者从文件中读取出来，进而完成信息的导入导出功能。

12.2.2 项目操作流程图

项目操作流程如图 12.3 所示。

文字性的描述如下：

（1）项目启动之后，读取外存中的数据（包括我的名片、黄页、联系人）、分别组织并存储到内存变量之中。

（2）显示主菜单（共 4 项），即我的名片、黄页、联系人、退出。

（3）选择主菜单中的某一项之后，一是退出中止程序运行，二是进入第二级菜单（包括显示、增删改、查询数据，返回、退出等操作项）。

（4）在选择子菜单中的某一项之后，一是返回上层，二是退出中止程序运行，三是显示结果，四是进入第三级菜单（即按哪一数据域进行操作）。

（5）在选择子菜单中的某一项之后，执行对应具体操作。

（6）最后，若经历了动态操作，则更新内存数据，在结束程序运行前将数据写入外存。

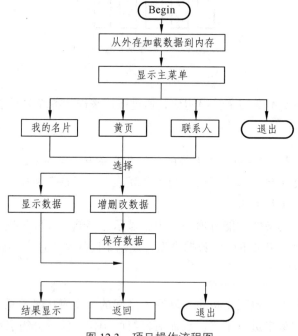

图 12.3 项目操作流程图

12.3 详细设计与编码

12.3.1 数据类型定义

1. 我的名片数据类型定义

typdef struct mycardtype{

```
    char name[10];                    //姓名
    char companyName[50];             //公司名
    char position[10]                 //职位
    char privatePhone[12];            //私人电话
    char publicPhone[12];             //公开电话
    char workPhone[12];               //工作电话
    char faxPhone[12];                //传真号
    char eMail[50];                   //电邮
    char qqNumber[15];                //QQ 号
}MyCardType;
```

我的名片所包含的数据项可根据实际情况增减，但确定后不能再修改。

2. 群组类别字符串常量数组

所谓群组即是联系人与机主之间的关系，如家人、同事、同学、客户、合伙人、领导、老师、学生、邻居等，可以使用枚举类型进行定义。例如：

```
typedef enum groupenumtype{
    Family, Workmate, Classmate, Client, Partner, Leader, Teacher, Student, Neighbor, Other
}GroupType;
```

但考虑到简洁性，将表示群组关系的枚举值使用整型值来代替。进一步地，使用一个字符串数组来存储相应的群关系字符串常量，通过下标来实现枚举编号与字符串常量之间的映射关系，且将英文字符串改成汉字串。按照这样的思路，最终使用如下定义：

```
char GroupStrArray[10][7]={
    "家人",
    "同事",
    "同学",
    "客户",
    "合伙人",
    "领导",
    "老师",
    "学生",
    "邻居",
    "其他"
};
```

将 GroupStrArray 作为全局变量进行定义。

3. 黄页类别数组

黄页类别枚举型的枚举值是商业银行、物流快递、生活服务、电商热线、保险热线、其他等。采用与"群组关系"中类似的方法实现，这里使用 6 个字符串来存储。

```
char YPKindArray[6][10]={
```

```
        "商业银行",
        "物流快递",
        "生活服务",
        "电商热线",
        "保险热线",
        "其他",
};
```
将 YPKindArray 作为全局变量进行定义。

4. 黄页数据类型定义

黄页是与我们生活息息相关的一些公司或应急部门的名称及联系方式。将其定义为结构体类型，包括类别 ID、名称、热线电话、官网等数据项。其值一般是固定的，数量也是有限的。类型定义如下：

```
typedef struct yellowpagetype{
    int    yellowPageID; //类别代号
    char name[30];       //名称
    char phone[12];      //热线电话
    char website[100];   //官网
}YPCompanyType;
```

5. 黄页链表结点类型定义

将同一类别的多家黄页记录组织成一个链表，这样的链表一共有 6 个，将这 6 个链表的头指针组织并存储在一个数组之中，最后将该数组的首地址再存储在一个指针之中。

依次进行如下类型的定义和重定义。

```
typedef    struct ypNodeType{
    YPCompanyType company;
    struct ypNodeType *next;
}YPNodeType;           //链表结点类型
typedef YPNodeType *YPLinkNode;   //链表结点指针类型
```

6. 联系人数据类型定义

联系人包含两个数据项，一是与我的名片类型相同的结构体，二是联系人所属的群组。

```
typedef struct contcatPersonType{
    MyCardType card;       //联系人基本信息，与我的名片相同
    int groupID;           //所属群组编号
}ContcatNodeType;
```

7. 联系人链表结点类型定义

将姓氏中声母相同的联系人组织成一个链表，这样一共有 26 个链表，将这 26 个链表的头指针组织在一个数组之中，最后将该数组的首地址再存储在一个指针之中。

174

```
typedef struct CPnodeType{
    ContactNodeType cpData;
    struct CPNodeType *next;
}CPNodeType;
typedef CPNodeType *CPLinkNode;
```

该类型的存储结构示意图如图 12.4 所示。

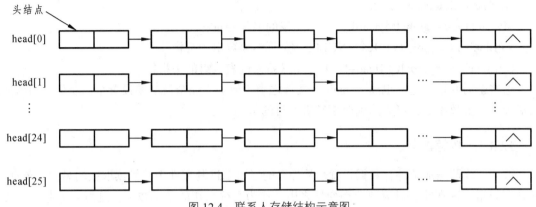

图 12.4　联系人存储结构示意图

本节的数据类型定义组织在文件 defType.h 文件之中。

12.3.2　菜单设计

1. 主菜单

通讯录主菜单如图 12.5 所示。

2. 子菜单

各级各类子菜单的设计大同小异，包含的操作基本都是显示、增加、删除、修改、查询，以及返回上层、退出等，如图 12.6 所示。

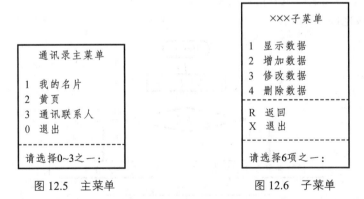

图 12.5　主菜单　　　　　　　图 12.6　子菜单

对于修改功能来说，还需指定具体的修改项，因此还具备下一级子菜单；查询也具有类似的特点；而删除功能则不同，只需指定一条具体的记录就可以了，这可通过指定关键字来实现。

本项目的实际实现上，没有设置三级菜单，没有单独实现查询功能。

本节的菜单设计组织在文件 defMenu.h 文件之中。

12.3.3　全局变量

为避免反复地进行内外存的操作，将我的名片、黄页、联系人均使用全局变量来进行存储。具体如下：

```
#define YellowPageMax 40
MyCardType    globalMyCard;         //我的名片变量
YPLinkNode *globalYPHead=NULL; //黄页链表数组的头指针
CPLinkNode *globalCPHead=NULL; //联系人链表数组的头指针
```

这些全局变量的定义也放入 main.c 文件之中（但是，完全没必要设置全局变量，因为使用指针作为函数参数也可以达到改变链表的目的）。

12.3.4　数据加载

数据加载即是加载外存数据，就是从外存的三个二进制文件中分别读取我的名片、黄页、联系人数据分别存储于对应的全局变量之中，作为后续操作的基础数据。这里，加载三种类型的数据各自使用不同的函数来实现。

这三个函数分别是：

```
MyCardType loadMyCard();              //加载我的名片
YPLinkNode *loadYP();                 //加载黄页
CPLinkNode *loadCP(CPLinkNode *head); //加载联系人
```

从这三个函数的首部可以看出，它们使用了不同的参数类型和返回值。

1. 加载我的名片

从外部文件 mycard.dat 中读取结构体数据。该功能函数的首部有多种选择，例如：无返回值无参数，直接使用全局变量 globalMyCard；有返回值无参数，使用返回值来给全局变量 globalMyCard 赋值；无返回值有指针型参数等。

实现的流程如图 12.7 所示。

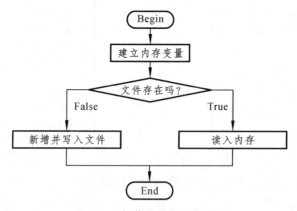

图 12.7　加载我的名片流程图

176

具体由下面几个函数实现。

```c
char myCardFileName[]="mycard.dat";//需加载外部文件的文件名
//从键盘输入我的名片信息
MyCardType inputMyCard(){
    MyCardType var;
    printf("Please input myCard from keyboard.\n\n");
    printf("姓名：");        gets(var.name);
    printf("公司名称：");gets(var.companyName);
    printf("职位：");        gets(var.position);
    printf("私人电话：");gets(var.privatePhone);
    printf("公开电话：");gets(var.publicPhone);
    printf("工作电话：");gets(var.workPhone);
    printf("传真号：");    gets(var.faxPhone);
    printf("电邮：");        gets(var.eMail);
    printf("QQ 号：");     gets(var.qqNumber);
    return var;
}
//新建我的名片
MyCardType createMyCard(){
    MyCardType var;
    printf("First,now is to create myCard.\n\n");
    FILE *fp=fopen(myCardFileName,"wb");
    var=inputMyCard();
    fwrite(&var,sizeof(MyCardType),1,fp);
    fclose(fp);
    return var;
}
//我的名片写入文件
void writeMyCard(MyCardType var){
    FILE *fp=fopen(myCardFileName,"wb");
    if(fp==NULL){ printf("写入数据出错，请检查！\n");return;}
    fwrite(&var,sizeof(MyCardType),1,fp);
    fclose(fp);
    printf("我的名片写入完成！\n");
    return ;
}
//从文件读取我的名片，不存在则新建并写入文件
MyCardType loadMyCard(){
    MyCardType var;
```

```
FILE *fp=fopen(myCardFileName,"rb");
if(fp==NULL) {
    printf("没找到我的名片文件！当然不存在数据。\n\n");
    fclose(fp);
    var=createMyCard();
    printf("\n【我的名片】新建完成且已加载！");
    writeMyCard(var);
}
else{
    fread(&var,sizeof(MyCardType),1,fp);
    fclose(fp);
    printf("\n【我的名片】数据已加载完成！");
}
printf("\t\t");
system("pause");
return var;
}
```

2. 加载黄页

加载黄页的实现方式与"加载我的名片"类似，实现的流程如图 12.8 所示。

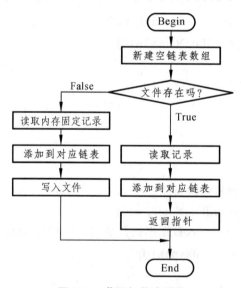

图 12.8　黄页加载流程图

具体功能由下述函数实现。

```
char *ypFileName=" yellowPage.dat"; //需加载外部文件的文件名
//建立黄页空链表数组
YPLinkNode *createYP(){
```

```
    YPLinkNode *head;//头固定
    int i;
    YPLinkNode p[6];//指向头，移动，便于链接
    YPLinkNode t;      //新结点
    head=(YPLinkNode*)malloc(6*sizeof(YPLinkNode));/////
    for(i=0;i<6;i++){//建立头结点
        head[i]=(YPLinkNode)malloc(sizeof(YPNodeType));
        head[i]->next=NULL;
        p[i]=head[i];
    }
    return head;
}
//根据缺省的黄页记录，添加进数组链表
YPLinkNode* loadDefaultYP(YPLinkNode*head){//初始固化的数据
    YPCompanyTypevar[ ]={
        {0,"中国农业银行","95599", "www.abchina.com"    },
        {0,"中国工商银行","95588", "www.icbc.com"        },
        {0,"中国建设银行","95533", "www.ccb.com"          },
        {0,"中国银行","95566", "www.boc.cn" },
        {0,"中国邮政储蓄银行","95580", "www.psbc.com"      },

        {1,"顺丰",       "95338",        "www.sf-express.com"    },
        {1,"EMS",        "11183",        "www.ems.com.cn"  },
        {1,"圆通",       "95554",        "www.yto.net.cn"   },
        {1,"申通",       "95543",        "www.sto.cn"   },
        {1,"韵达",       "95546",        "www.yundaex.com"        },

        {2,"匪警电话",            "110",     ""    },
        {2,"急救电话",            "120",     ""    },
        {2,"火警电话",            "1110",    ""    },
        {2,"交通事故报警",        "122",     ""    },
        {2,"市民专线",            "12345",  ""    },

        {3,"京东",       "4006065500",    "www.jd.com"   },
        {3,"淘宝",       "057188158198",  "www.taobao.com"   },
        {3,"天猫",       "4008608608",    "www.tmall.com"   },
        {3,"亚马逊",     "4008105666 ",   "www.amazon.com.cn"   },
        {3,"小米",       "4001005678",    "www.mi.com"   },
```

```
        {4,"中国人寿",       "95519",        "www.e-chinalife.com"  },
        {4,"中国平安",       "95511",        "www.pingan.com"  },
        {4,"中国人保",       "95518",        "www.picc.com"  },
        {4,"太平洋保险",     "95500",        "www.cpic.com.cn"  },
        {4,"新华保险",       "95567",        "www.newchinalife.com"  },
    };

    int i;
    YPLinkNode p[6];//指向头，移动，便于链接
    YPLinkNode t;//新结点
    for(i=0;i<6;i++) p[i]=head[i];//加 other 共 6 类
    for(i=0;i<25;i++){//链接组成 5 个链表，即将 25 个公司分配到 5 个链表中
        t=(YPLinkNode)malloc(sizeof(YPNodeType));
        int id;
        t->company=var[i];t->next=NULL;
        id=var[i].yellowPageID;
        p[id]->next=t;p[id]=t;    //插入在最后
    }
    return head;
}


//从外存读取黄页公司信息，建立 6 个链表
YPLinkNode *readYP(YPLinkNode *head){
    FILE *fp=fopen(ypFileName,"rb");
    YPLinkNode p[6];//6 个，包含 other
    YPLinkNode tNode;
    int i;
    for(i=0;i<6;i++) p[i]=head[i];
    YPCompanyType tCompany;
    fread(&tCompany,sizeof(YPCompanyType),1,fp);
    while(!feof(fp)){
        tNode=(YPLinkNode)malloc(sizeof(YPNodeType));
        int id=tCompany.yellowPageID;
        tNode->company=tCompany; tNode->next=NULL;
        p[id]->next=tNode; p[id]=tNode;

        fread(&tCompany,sizeof(YPCompanyType),1,fp);
    }
    fclose(fp);
```

```
        return head;
}

void writeYP(YPLinkNode *head){//遍历数组链表并将黄页写入外存
    FILE *fp=fopen(ypFileName,"wb");
    YPLinkNode p[6];
    int i;
    for(i=0;i<6;i++){
        p[i]=head[i]->next;
        while(p[i]){
            fwrite(&p[i]->company,sizeof(YPCompanyType),1,fp);
            p[i]=p[i]->next;
        }
    }
    fclose(fp);
}

//加载黄页
YPLinkNode *loadYP(){
    YPLinkNode *head;
    FILE *fp=fopen(ypFileName,"rb");
    head=createYP();
    if(fp==NULL) {
        printf("\n没找到黄页文件! 当然不存在数据。");
        fclose(fp);
        head=loadDefaultYP(head);
        writeYP(head);
    }
    else{
        fclose(fp);
        head=readYP(head);
        printf("【黄页】数据已加载完成! ");
    }
    printf("\t\t");
    system("pause");
    return head;
}
```

3. 加载联系人

加载联系人，首先建立联系人链表数组（一共 26 个链表），因为联系人是按姓氏的音序进行排列的。接下来分两种情况进行讨论。

一是联系人文件已经存在，则直接读取外存文件，将一条条的记录根据姓名的第一个汉字的声母情况将其分配到对应的链表之中。

二是联系人文件不存在，则现场进行记录的添加，同样是根据姓名的第一个汉字的声母情况将其分配到对应的链表之中，所有记录添加完成后，将它们写入外存文件。

功能实现的流程图如图 12.9 所示。

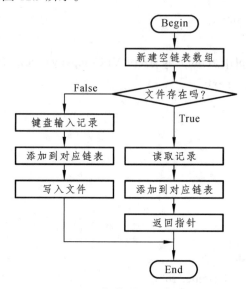

图 12.9 加载联系人流程图

从图 12.9 可以看出，其实现流程图与图 12.8 非常相似。

具体实现函数如下：

```
char cpFileName[]="contactPerson.dat";    //需加载外部文件的文件名
//取姓名的声母映射到哪个链表
int calShMuOrder(char *name){//name 是汉字组成的串
    char c=AsciiToSM(name);
    return c-'A';
}//该函数的实现定义在头文件 hanZiToPY.h 头文件中。

//建立 26 个链表，组成数组。
CPLinkNode *createCPLink2Head(){
    CPLinkNode *head;
    head=(CPLinkNode *)malloc(26*sizeof(CPLinkNode));
    int i;
    for(i=0;i<26;i++){
        head[i]=(CPLinkNode)malloc(sizeof(CPNodeType));
```

```
            head[i]->next=NULL;
        }
        return head;
}


//将数组链表中的数据写入外存文件
void writeCP(CPLinkNode *head){
    int i;
    CPLinkNode p;
    ContactNodeType varCP;
    FILE *fp=fopen(cpFileName,"wb");
    for(i=0;i<26;i++){
        p=head[i]->next;
        while(p){
            varCP.card=p->cpData.card;
            varCP.groupID=p->cpData.groupID;
            fwrite(&varCP,sizeof(ContactNodeType),1,fp);
            p=p->next;
        }
    }
    fclose(fp);
}


//新增联系人插入到已有序的某个链表中
CPLinkNode *insertToLink(CPLinkNode *head,ContactNodeType varCP){
    CPLinkNode p,q,t;
    t=(CPLinkNode)malloc(sizeof(CPNodeType));
    t->cpData=varCP;
    t->next=NULL;
    int i=calShMuOrder(varCP.card.name);//找姓名的拼音的序号

    p=head[i];q=p->next;
    while(q){
        if( strcmp(q->cpData.card.name,t->cpData.card.name) <0)
        {    p=q; q=q->next;    }
        else break;
    }
    t->next=q; p->next=t;
    return head;
```

```
    }

//添加一条联系人
CPLinkNode *addACP(CPLinkNode *head){
    ContactNodeType varCP;
    printf("----请输入联系人的各项信息----\n");fflush(stdin);
    printf("\t 联系人的姓名：");
        scanf("%s",varCP.card.name);              fflush(stdin);
    printf("\t 联系人所属群组编号：");
        scanf("%d",&(varCP.groupID) );            fflush(stdin);
    printf("\t 联系人的公司：");
        scanf("%s",varCP.card.companyName); fflush(stdin);
    printf("\t 联系人的职位：");
        scanf("%s",varCP.card.position);          fflush(stdin);
    printf("\t 联系人的私人电话：");
        scanf("%s",varCP.card.privatePhone);  fflush(stdin);
    printf("\t 联系人的公开电话：");
        scanf("%s",varCP.card.publicPhone);    fflush(stdin);
    printf("\t 联系人的工作电话：");
        scanf("%s",varCP.card.workPhone);      fflush(stdin);
    printf("\t 联系人的传真号：");
        scanf("%s",varCP.card.faxPhone);         fflush(stdin);
    printf("\t 联系人的电邮：");
        scanf("%s",varCP.card.eMail);             fflush(stdin);
    printf("\t 联系人的 QQ 号：");
        scanf("%s",varCP.card.qqNumber);        fflush(stdin);
    //插入链表
    head=insertToLink(head,varCP);
    return head;
}

//添加多条联系人
CPLinkNode *addCP(CPLinkNode *head){
    char cYN;
    do{
        printf("添加联系人吗？【Y/y OR N/n】:");
        do{
            cYN=getchar();fflush(stdin);
            if( (cYN=='y' || cYN=='Y') ||
```

```
                    (cYN=='n' || cYN=='N')    ) break;
            else printf("添加联系人，请输入【Y/y OR N/n】:");
        }while(1);
        if(cYN=='y' || cYN=='Y') head=addACP(head);
        else break;
    }while(1);
    writeCP(head);
    printf("写入联系人完成！\n");
    system("pause");
    return head;
}


//加载联系人文件数据到链表数组
CPLinkNode *loadCP(CPLinkNode *head){
    head=createCPLink2Head();//建立空链表，为读取记录做准备
    CPLinkNode p[26];
    int i;
    for(i=0;i<26;i++) p[i]=head[i];
    FILE *fp=fopen(cpFileName,"rb") ;
    if(fp==NULL){
        printf("\n 联系人文件不存在，现将通过增加的方式建立！\n");
        fclose(fp);
        head=addCP(head);//调用增加功能且写入文件
    }
    else{//读取并分派到链表数组
        ContactNodeType varACP; //一条联系人记录
        CPLinkNode    varT;        //CPNodeType*
        fread(&varACP,sizeof(ContactNodeType),1,fp);
        while(!feof(fp)){
            varT=(CPLinkNode)malloc(sizeof(CPNodeType));
            varT->cpData=varACP;
            varT->next=NULL;
            int iNo=calShMuOrder(varACP.card.name); //取姓声母映射到哪个链表
            p[iNo]->next=varT;
            p[iNo]=varT;
            fread(&varACP,sizeof(ContactNodeType),1,fp);
        }
        fclose(fp);
        printf("【联系人】数据加载完成！\n");
```

```
        }
        return head;
}
```

将 3 个数据加载函数进行再组织，具体如下：

```
void loadInf(){//装入 3 个信息
        globalMyCard=loadMyCard();    //我的名片
        globalYPHead=loadYP();        //黄页
        globalCPHead=loadCP(globalCPHead); //联系人
        printf("-------------------\n");
}
```

12.3.5　数据显示

前面通过加载函数已将数据装入了内存，接下来则是三类数据的显示，即二级菜单中显示数据的实现。

1. 我的名片数据显示

"我的名片"数据信息简单，实现过程也很简单。

```
//显示我的名片信息
void displayMyCard(MyCardType var){
        system("cls");
        printf("\n【我的名片】具体信息如下。\n");
        printf("-------------------------\n");
        printf("%12s","姓名：");        puts(var.name);
        printf("%12s","公司名称：");puts(var.companyName);
        printf("%12s","职位：");        puts(var.position);
        printf("%12s","私人电话：");puts(var.privatePhone);
        printf("%12s","公开电话：");puts(var.publicPhone);
        printf("%12s","工作电话：");puts(var.workPhone);
        printf("%12s","传真号：");    puts(var.faxPhone);
        printf("%12s","电邮：");        puts(var.eMail);
        printf("%12s","QQ 号：");    puts(var.qqNumber);;
        printf("-------------------------\n");
        system("pause");
        printf("\n");
}
```

2. 黄页信息显示

黄页信息显示功能主要是遍历 6 个链表，输出每个结点的信息。

```
void displayAllYP(YPLinkNode *head){
```

```
        YPLinkNode p[6];
        int i;
        for(i=0;i<6;i++){
            p[i]=head[i]->next;
            if(p[i]){//输出类别通过编号映射到字符串
                printf("【%-2d%s】\n",i,YPKindArray[p[i]->company.yellowPageID]);
            }
            while(p[i]){
                displayACompany(*p[i]);
                p[i]=p[i]->next;
            }
            system("pause");
        }
        printf("----黄页分类显示完毕----\n");
        system("pause");
}
```

3. 联系人信息显示

联系人将按照姓名的音序来进行分类、排序和显示。在加载联系人文件时，已经完成了将联系人分类存储在 26 个链表之中，再按姓名字符串的大小进行链表内的直接插入排序。这符合手机联系人的组织规则。

具体实现代码如下：

```
//显示链表中的某一记录
void displayACP(ContactNodeType    var){
    printf("\t%12s","姓名：");        printf("%s\n",var.card.name);
    printf("\t%12s","群组：");        printf("%s\n",GroupStrArray[var.groupID]);
    printf("\t%12s","公司：");        printf("%s\n",var.card.companyName);
    printf("\t%12s","职位：");        printf("%s\n",var.card.position);
    printf("\t%12s","私人电话：");  printf("%s\n",var.card.privatePhone);
    printf("\t%12s","公开电话：");  printf("%s\n",var.card.publicPhone);
    printf("\t%12s","工作电话：");  printf("%s\n",var.card.workPhone);
    printf("\t%12s","传真号：");      printf("%s\n",var.card.faxPhone);
    printf("\t%12s","电邮：");        printf("%s\n",var.card.eMail);
    printf("\t%12s","QQ 号：");      printf("%s\n",var.card.qqNumber);
    printf("--------------------------------\n");
}
//显示联系人链表数组中所有联系人信息
void displayAllCP(CPLinkNode *head){
    CPLinkNode p;
```

```
            char ch;
            int i;
            for(i=0;i<26;i++) {
                printf("【%c】\n",i+'A');
                p=head[i]->next;
                while(p){
                    displayACP(p->cpData);
                    p=p->next;
                }
                system("pause");
            }
            printf("所有联系人显示完毕！！！\n");
            printf("-----------------------\n");
            system("pause");
        }
```
"联系人"的数据类型与"我的名片"相比较，前者只是多了一个群组关系。所以可重用"我的名片"显示的部分功能函数，这也是联系人显示功能可以改进的地方。

12.3.6 数据修改

针对三类数据（即我的名片、黄页、联系人）可分别实施数据的修改操作，且修改前需要确认、修改后更新相关内存变量、写入外存文件。

1. 我的名片修改

可以修改"我的名片"的各项信息。

由于"我的名片"就是机主的个人信息，一经生成一般不会发生变化，所以该功能与"我的名片"显示功能集成在一起，通过输入 Yes 或 No 来确认是否修改。

修改功能的具体实现代码如下：

```
MyCardType modifyMyCard(MyCardType var){
    MyCardType varForModify;
    //displayMyCard(*pVar);
    varForModify=inputMyCard();
    printf("真的需要修改\"我的名片\"吗？ ");

    printf("\n 请输入【Y/y OR N/n】:");
    fflush(stdin);
    char ch=getchar();fflush(stdin);
    if(ch=='y' || ch=='Y'){
        var=varForModify;
        writeMyCard(var);
```

```
        printf("更新完成！！！\n\n");
    }
    else if(ch=='n' || ch=='N') printf("不需要更新！\n\n");

    system("pause");
    return varForModify;
}
```

2. 黄页修改

首先输入待修改黄页的类别编号，从而确定修改哪个链表，再在该链表中以电话作为关键字进行查找，查找成功则依次输入该黄页的各项数据域，再次确认后完成修改操作；查找不成功则返回。算法的流程图如图 12.10 所示。

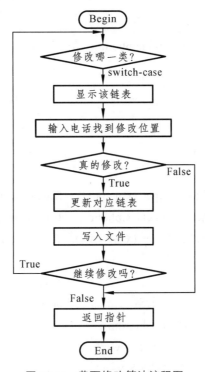

图 12.10 黄页修改算法流程图

具体实现代码如下：

```
//修改一个黄页公司
void modifyACompany(YPLinkNode *head){
    YPLinkNode p,t;
    char cNo;
    do{//输入的类别编号不合法，重复输入
        printf("\t\n 请输入黄页所属类别编号[0～5],No=");
        cNo=getchar();fflush(stdin);
```

```c
}while(!(cNo>='0' && cNo<='5'));
printf("\n    您输入的是  [%d-%s]\n",cNo-'0',YPKindArray[cNo-'0']);
printf("下面是其已有的具体内容：\n");
//遍历该链表，便于输入电话来查询、便于对照
p=head[cNo-'0']->next;
while(p){
    displayACompany(*p);
    p=p->next;
}
printf("\t请输入待修改记录的电话：");
char phone[20]; gets(phone); fflush(stdin);
t=head[cNo-'0']->next;
while(t){//找到删除位置
    if(strcmp(t->company.phone,phone)==0)
        break;
    else{ t=t->next; }
}
YPCompanyType x;
x.yellowPageID=cNo-'0';
if(t){//找到了，再确认修改
    printf("请输入名称：");gets(x.name);      fflush(stdin);
    printf("请输入电话：");gets(x.phone);      fflush(stdin);
    printf("请输入网址：");gets(x.website);   fflush(stdin);
    char chYN;
    do{
        printf("修改确认！请输入[Y or y,N or n] :");
        chYN=getchar(); fflush(stdin);
        if( (chYN=='Y' || chYN=='y') ||
            (chYN=='N' || chYN=='n') )
                break;
    }while(1);
    if(chYN=='Y' || chYN=='y'){//确认
        t->company=x;
        printf("\t修改完成！\n");
    }
    else   printf("\t取消了修改操作！\n");
}
else printf("未找到满足条件的记录！\n");
```

```
        return ;
    }


//循环修改黄页
YPLinkNode *modifyYP(YPLinkNode *head){
    int i;
    YPLinkNode p;
    char c;
    for(i=0;i<6;i++){//首先显示分类及各项名称
        printf("\n【%d-%s】\n",i,YPKindArray[i]);
        p=head[i]->next;
        printf("\t");
        while(p){
            printf("%s,",p->company.name);
            p=p->next;
        }
    }
    do{//循环修改？
        modifyACompany(head);
        printf("继续修改吗？【Y/y,N/n】:");
LoopModify:
        c=getchar(); fflush(stdin);
        if(c=='y'||c=='Y') ;
        else if( (c=='n'||c=='N') )   break;
        else{
            printf("修改确认！只能输入【Y/y,N/n】:");
            goto LoopModify;
        }
    }while(1);
    writeYP(head);
    return head;
}
```

3. 联系人修改

联系人修改实现过程与黄页修改类似。粗略算法是：先输入待删联系人的姓氏，从而确定将要对哪个链表进行操作；再进行查找，查找成功则先将该结点从这个链表中删除，再根据输入的姓名确定将对哪个链表实施直接插入排序操作（因为姓名可能发生变化），最后更新外部文件；若查找不成功或者取消了修改操作则返回。

具体实现代码如下：

```
//修改联系人，按姓名
CPLinkNode *modifyCP(CPLinkNode*head){
    CPLinkNode p,q;
    char name[20];
    do{
        printf("请输入需修改的联系人姓名：");
        gets(name);fflush(stdin);     //name 不能为空
    }while(strcmp(name,"")==0);
    int iNo=calShMuOrder(name);//修改后姓名可能也改变
    ContactNodeType varCP;
    p=head[iNo]; q=p->next;//查找
    while(q){
        if(strcmp(name,q->cpData.card.name)!=0){
            p=q;q=q->next;   //后移
        }
        else break; //找到
    }
    if(q){
        printf("显示待修改的联系人信息：\n");
        displayACP(q->cpData);
        printf("请输入联系人的新信息：\n");fflush(stdin);
        printf("\t 联系人的姓名：");
        scanf("%s",varCP.card.name);            fflush(stdin);

        printf("\t 联系人所属群组编号：");
        scanf("%d",&(varCP.groupID) );          fflush(stdin);

        printf("\t 联系人的公司：");
        scanf("%s",varCP.card.companyName); fflush(stdin);

        printf("\t 联系人的职位：");
        scanf("%s",varCP.card.position);        fflush(stdin);

        printf("\t 联系人的私人电话：");
        scanf("%s",varCP.card.privatePhone);  fflush(stdin);

        printf("\t 联系人的公开电话：");
        scanf("%s",varCP.card.publicPhone);   fflush(stdin);
```

```
        printf("\t 联系人的工作电话：");
        scanf("%s",varCP.card.workPhone);        fflush(stdin);

        printf("\t 联系人的传真号：");
        scanf("%s",varCP.card.faxPhone);        fflush(stdin);

        printf("\t 联系人的电邮：");
        scanf("%s",varCP.card.eMail);            fflush(stdin);
        printf("\t 联系人的 QQ 号：");
            scanf("%s",varCP.card.qqNumber); fflush(stdin);
        printf("--------------------------\n");
        printf("修改确认？请输入【Y/y,N/n】:");
        char c;
        do{
            c=getchar(); fflush(stdin);
            if( (c=='y'||c=='Y') || (c=='n'||c=='N') )
                break;
            else
                printf("真的要修改吗？只能输入【Y/y,N/n】:");
        }while(1);
        if(c=='y'||c=='Y'){
            p->next=q->next;//先删除待修改的结点
            free(q);//释放
            head=insertToLink(head,varCP); //重新插入到链表
            writeCP(head);
            printf("修改完成！\n");
        }
        else
            printf("放弃修改！\n");
    }
    else
        printf("未找到该姓名的联系人，将返回！");
    system("pause");
    return head;
}
```

12.3.7 数据删除

数据删除功能仅涉及黄页和联系人的删除。

1. 黄页删除

实现删除操作，首先需进行查找操作（包括对哪个链表实施查找和对该链表的遍历查找），再就是实现链表结点的删除，最后是将新的黄页数据写入外部文件。实现算法如图 12.11 所示。

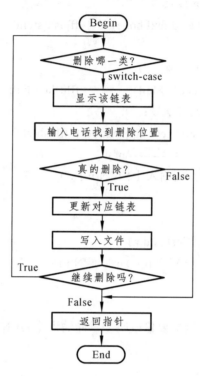

图 12.11 黄页删除算法流程图

具体代码如下：

```
//删除一项黄页公司
void deleteACompany(YPLinkNode *head){
    YPLinkNode p,t;
    char cNo;
    do{//输入的类别编号不合法，重复输入
        printf("\t\n 请输入黄页所属类别编号[0~5],No=");
        cNo=getchar();fflush(stdin);
    }while(!(cNo>='0' && cNo<='5'));
    printf("\n    您输入的是 [%d-%s]\n",cNo-'0',YPKindArray[cNo-'0']);
    printf("下面是其已有的具体内容: \n");
    //遍历该链表，便于输入电话来查询及删除
    p=head[cNo-'0']->next;
    while(p){
        displayACompany(*p);
        p=p->next;
```

```c
    }
    printf("\t 请输入待删记录的电话: ");
    char phone[20]; gets(phone); fflush(stdin);
    p=head[cNo-'0']; t=p->next;
    while(t){//找到删除位置
        if(strcmp(t->company.phone,phone)==0)
            break;
        else{ p=t; t=t->next; }
    }
    if(t){//找到了，再确认删除
        char chYN;
        do{
            printf("删除确认！请输入[Y or y,N or n] : ");
            chYN=getchar(); fflush(stdin);
            if( (chYN=='Y' || chYN=='y') ||
                (chYN=='N' || chYN=='n') )
                    break;
        }while(1);
        if(chYN=='Y' || chYN=='y'){//确认
            p->next=t->next;
            printf("\t 删除完成！\n");
        }
        else    printf("\t 取消了删除操作！\n");
    }
    else printf("未找到满足条件的记录！\n");
    return ;
}


//删除黄页
YPLinkNode *deleteYP(YPLinkNode *head){
    int i;
    YPLinkNode p;
    char c;
    for(i=0;i<6;i++){//首先显示分类及各项名称
        printf("\n【%d-%s】\n",i,YPKindArray[i]);
        p=head[i]->next;
        printf("\t");
        while(p){
```

```
                printf("%s,",p->company.name);
                p=p->next;
            }
        }
        do{//循环删除?
            deleteACompany(head);
            printf("继续删除吗? 【Y/y,N/n】:");
LoopDelete:
            c=getchar(); fflush(stdin);
            if(c=='y'||c=='Y') ;
            else if( (c=='n'||c=='N') )    break;
            else{
                printf("删除确认! 只能输入【Y/y,N/n】:");
                goto LoopDelete;
            }
        }while(1);
        writeYP(head);
        return head;
}
```

2. 联系人删除

联系人删除其算法与黄页删除功能的实现大同小异,具体代码如下:

```
CPLinkNode *deleteCP(CPLinkNode *head){
    char name[20];
    do{
        printf("请输入待删除联系人的姓名: ");
        gets(name);    fflush(stdin);
    }while(strcmp(name,"")==0);
    int iNo=calShMuOrder(name);//计算声母确定哪个链表
    ContactNodeType varCP;
    CPLinkNode p,q;
    p=head[iNo]; q=p->next;//查找
    while(q){
        if(strcmp(name,q->cpData.card.name)!=0){
            p=q;q=q->next;    //后移
        }
        else break; //找到
```

```
        }
    if(q){
            printf("显示待删除的联系人信息：\n");
            displayACP(q->cpData);
            printf("--------------------------\n");
            printf("删除确认？请输入【Y/y,N/n】:");
            char c;
            do{
                c=getchar(); fflush(stdin);
                if( (c=='y'||c=='Y') || (c=='n'||c=='N') )
                    break;
                else
                    printf("真的要删除吗？只能输入【Y/y,N/n】:");
            }while(1);
            if(c=='y'||c=='Y'){
                p->next=q->next;//先删除待修改的结点
                free(q);
                writeCP(head);
                printf("删除完成！\n");
            }
            else printf("放弃删除！\n");
        }
    else
            printf("未找到该姓名的联系人，将返回！");
    system("pause");
    return head;
}
```

12.3.8 数据增加

数据增加功能仅涉及黄页和联系人的增加。

1. 黄页增加

实现增加操作，首先需输入增加项对应的类别，即确定将在哪个链表中实施插入操作，再输入新黄页的各项信息，再实施追加操作，再询问是否继续增加，最后更新链表。实现算法如图 12.12 所示。

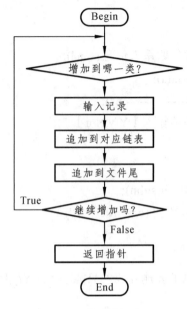

图 12.12 黄页增加流程图

具体代码如下：

//插入一条黄页记录到相应链表的表头

```
void addACompany(YPLinkNode *head){
    YPLinkNode p;
    char cNo;
    do{//输入的类别编号不合法，重复输入
        printf("\t\n 请输入黄页所属类别编号[0～5],No=");
        cNo=getchar();fflush(stdin);
    }while(!(cNo>='0' && cNo<='5'));
    printf("\n   您输入的是  [%d-%s]\n",cNo-'0',YPKindArray[cNo-'0']);
    printf("下面输入具体内容：\n");
    YPCompanyType ct;
    printf("\t 名称：");  gets(ct.name);fflush(stdin);
    printf("\t 电话：");  gets(ct.phone);fflush(stdin);
    printf("\t 网址：");  gets(ct.website);fflush(stdin);
    ct.yellowPageID=cNo-'0';
    p=(YPLinkNode)malloc(sizeof(YPNodeType));
    p->company=ct;
    p->next=head[cNo-'0']->next;       //插入在头结点之后
    head[cNo-'0']->next=p;
    return ;
}
```

```
//增加黄页
YPLinkNode *addYP(YPLinkNode *head){
    int i;
    YPLinkNode p;
    char c;
    for(i=0;i<6;i++){//首先显示分类及各项名称
        printf("\n【%d-%s】\n",i,YPKindArray[i]);
        p=head[i]->next;
        printf("\t");
        while(p){
            printf("%s,",p->company.name);
            p=p->next;
        }
    }
    do{//循环插入？
        addACompany(head);
        printf("继续添加吗？【Y/y,N/n】:");
LoopAdd:
        c=getchar(); fflush(stdin);
        if(c=='y'||c=='Y') ;
        else if( (c=='n'||c=='N') )    break;
        else{
            printf("只能输入【Y/y,N/n】:");
            goto LoopAdd;
        }
    }while(1);
    writeYP(head);
    return head;
}
```

2. 联系人增加

其实现算法与黄页增加相类似，具体代码如下：

```
//添加一条联系人
CPLinkNode *addACP(CPLinkNode *head){
    ContactNodeType varCP;
    printf("----请输入联系人的各项信息----\n");fflush(stdin);
    printf("\t 联系人的姓名：");
    scanf("%s",varCP.card.name);            fflush(stdin);
    printf("\t 联系人所属群组编号：");
```

```c
        scanf("%d",&(varCP.groupID) );              fflush(stdin);
        printf("\t 联系人的公司：");
        scanf("%s",varCP.card.companyName);fflush(stdin);
        printf("\t 联系人的职位：");
        scanf("%s",varCP.card.position);            fflush(stdin);
        printf("\t 联系人的私人电话：");
        scanf("%s",varCP.card.privatePhone);        fflush(stdin);
        printf("\t 联系人的公开电话：");
        scanf("%s",varCP.card.publicPhone);         fflush(stdin);
        printf("\t 联系人的工作电话：");
        scanf("%s",varCP.card.workPhone);           fflush(stdin);
        printf("\t 联系人的传真号：");
        scanf("%s",varCP.card.faxPhone);            fflush(stdin);
        printf("\t 联系人的电邮：");
        scanf("%s",varCP.card.eMail);               fflush(stdin);
        printf("\t 联系人的 QQ 号：");
        scanf("%s",varCP.card.qqNumber);            fflush(stdin);
        //直接插入排序、插入链表
        head=insertToLink(head,varCP);
        return head;

}

//添加多条联系人
CPLinkNode *addCP(CPLinkNode *head){
    char cYN;
    do{
        printf("添加联系人吗？【Y/y OT N/n】:");
        do{
            cYN=getchar();fflush(stdin);
            if( (cYN=='y' || cYN=='Y') ||
                (cYN=='n' || cYN=='N')    ) break;
            else printf("添加联系人，请输入【Y/y OT N/n】:");
        }while(1);
        if(cYN=='y' || cYN=='Y') head=addACP(head);
        else break;
    }while(1);
    writeCP(head);
    printf("写入联系人完成！\n");
    system("pause");
```

```
        return head;
    }
```

以上几种基本操作的函数分门别类地组织在头文件之中 funMyCard.h、funYP.h、funCP.h 文件之中。

12.3.9　获取汉字的声母

手机的联系人都是按汉字的声母以及汉字串的大小依次排列的，前者需要实现编码的转换（汉字的 ASCII 码向 Unicode 码的转换），后者通过字符串比较函数就可实现。前者的实现是重点，这需要了解汉字的存储规律和 ASCII 码与 Unicode 码的关系。具体实现函数如下：

```c
#include <stdint.h>
#include <stdio.h>
#include <ctype.h>
#include <string.h>

int between(uint32_t start,uint32_t end,uint32_t aim);
wchar_t AsciiToUnicode(const char *strHZ);//这是 Unicode 格式的字符（统一用两个字节表示一个符号）
char AsciiToSM(const char *strHZ);
char getSM(wchar_t wchar);

//4 个函数
//一个汉字的 ASCII 码转换成其 Unicode 编码
wchar_t AsciiToUnicode(const char *strHZ){
    uint8_t chr[3];
    chr[0] = strHZ[0];
    chr[1] = strHZ[1];
    chr[2] = 0;
    //wchar_t 是 Unicode 格式的字符（统一用两个字节表示一个符号）
    wchar_t wchar = 0;
    //如何将一个汉字的两个字节的 ASCII 码转换为 Unicode 编码
    wchar    = (chr[0] & 0xff) << 8;    //高 8 位
    wchar |= (chr[1] & 0xff);           //低 8 位
    return wchar;
}

//判断在哪范围
int between(uint32_t start,uint32_t end,uint32_t aim){
    if (start <= aim && aim <= end)return 1;
    else return 0;
```

```
        }

        //Unicode 编码在哪范围，返回字母（因为汉字是按音序排列的）
        char getSM(wchar_t wchar){
            if (between(0xB0A1,0xB0C4,wchar))    return   'a';
            if (between(0XB0C5,0XB2C0,wchar))    return   'b';
            if (between(0xB2C1,0xB4ED,wchar))    return   'c';
            if (between(0xB4EE,0xB6E10,wchar))   return   'd';
            if (between(0xB6EA,0xB7A1,wchar))    return   'e';
            if (between(0xB7A2,0xB8c0,wchar))    return   'f';
            if (between(0xB8C1,0xB10FD,wchar))   return   'g';
            if (between(0xB10FE,0xBBF6,wchar))   return   'h';
            if (between(0xBBF7,0xBFA5,wchar))    return   'j';
            if (between(0xBFA6,0xC0AB,wchar))    return   'k';
            if (between(0xC0AC,0xC2E7,wchar))    return   'l';
            if (between(0xC2E8,0xC4C2,wchar))    return   'm';
            if (between(0xC4C3,0xC5B5,wchar))    return   'n';
            if (between(0xC5B6,0xC5BD,wchar))    return   'o';
            if (between(0xC5BE,0xC6D10,wchar))   return   'p';
            if (between(0xC6DA,0xC8BA,wchar))    return   'q';
            if (between(0xC8BB,0xC8F5,wchar))    return   'r';
            if (between(0xC8F6,0xCBF0,wchar))    return   's';
            if (between(0xCBFA,0xCDD10,wchar))   return   't';
            if (between(0xCDDA,0xCEF3,wchar))    return   'w';
            if (between(0xCEF4,0xD188,wchar))    return   'x';
            if (between(0xD1B10,0xD4D0,wchar))   return   'y';
            if (between(0xD4D1,0xD7F10,wchar))   return   'z';
            return '\0';
        }
        //获取一个汉字串中第一个汉字的声母
        char AsciiToSM(const char *strHZ){//参数为一个汉字组成的串
            wchar_t wchar=AsciiToUnicode(strHZ);//双字节 Unicode 型字符变量
            return toupper( getSM(wchar) );
        }
```

这些内容组织在头文件 hanziTopy.h 之中。

还需进行一个简单的操作，实现字母到其在字母表中序号的映射。从而确定姓氏映射到哪个链表。

```
        //字母在字母表中的序号
        int calShMuOrder(char *name){//name 是汉字组成的串
```

```
        char c=AsciiToSM(name);
        return c-'A';
    }
```

12.3.10 系统集成

系统集成即是将上述具体功能根据操作菜单进行合理地组织，构成一个完整的程序。

1. main 主函数

main 主函数实现头文件的包含，各外部数据文件的读取，将数据加载到内存并存储到结构体变量、链表、指针之中，呈现主操作界面等。

具体代码如下：

```
#include <stdio.h>
#include <stdlib.h>
#include "defMenu.h"
#include "defType.h"
#include "funMyCard.h"
#include "funCP.h"
#include "funYP.h"
#include "inputItem.h"

MyCardType    globalMyCard;
YPLinkNode *globalYPHead=NULL;
CPLinkNode *globalCPHead=NULL;

void loadInf(){//加载 3 个信息
    globalMyCard=loadMyCard();              //我的名片
    globalYPHead=loadYP();                   //黄页
    globalCPHead=loadCP(globalCPHead);    //联系人
    printf("------------------\n");
}
int main()
{
    char itemChar;
    system("title  手机通讯录管理");
    loadInf();
    //displayMyCard(globalMyCard);
    system("pause");
LoopMain:
    showMainMenu();
```

```
    itemChar=inputForMain();
    switch(itemChar){
        case '0': funExit();  //执行中止程序
      case '1': globalMyCard=launchMyCard(globalMyCard);//执行我的名片
                break;
        case '2': globalYPHead=launchYP(globalYPHead);    //执行黄页
                break;
        case '3': globalCPHead=launchCP(globalCPHead);     //执行联系人
                break;
    }
    goto LoopMain;
    return 0;
}
```

这些内容组织在文件 main.cpp 之中。

下面是 main 函数某次执行时的效果图，如图 12.13 所示。

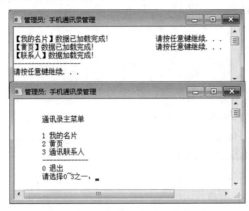

图 12.13　程序某次执行效果图

2. 各功能模块的集成

在主菜单上，分别按下数字键 0 ~ 3 将呈现针对各栏目的操作菜单。运行效果分别如图 12.14、12.15、12.16 所示。

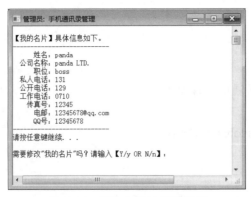

图 12.14　我的名片功能效果图

图 12.15　黄页功能子菜单效果图

图 12.16　联系人功能子菜单效果图

在 main 函数之中，最关键的是 switch-case 中的 4 条函数调用语句。下面分别介绍它们的功能和实现代码。

3. funExit()函数

在程序的任意菜单下，当按下了退出键时执行 funExit()函数，完成中止程序运行的功能。具体实现代码如下：

```
void funExit(){
    printf("\n--欢迎使用，再见！--\n\n");
    system("pause");
    exit(0);
}
```

该函数存储在头文件 defMenu.h 之中。

4. launchMyCard()函数

该函数主要调用 displayMyCard、modifyMyCard 和 showMainMenu 实现"我的名片"的显示和修改、返回显示主菜单的功能。

具体实现代码如下：

```
//执行我的名片操作
MyCardType launchMyCard(MyCardType var){
    MyCardType xVar=var;
    system("cls"); //system("color 07");
    displayMyCard(var);
```

```
        printf("需要修改\"我的名片\"吗？ ");
        printf("请输入【Y/y OR N/n】： ");
        char c=getchar();fflush(stdin);
        if(c=='y'||c=='Y') {
                printf("Yes,要修改！\n\n");
                xVar=modifyMyCard(var);
                system("pause");
                showMainMenu();
        }
        else if(c=='N' || c=='n'){
                printf("No,不需要修改！\n\n");
                system("pause");
                showMainMenu();
        }
        return xVar;
}
```

5. launchYP()函数

该函数主要实现黄页操作菜单的显示以及菜单功能的执行。

具体实现代码如下：

```
//黄页操作函数调用
YPLinkNode *launchYP(YPLinkNode *head){
        char itemCh;
LoopYP:
        showSubMenu("黄页");
        itemCh=inputForYP();
        switch(itemCh){
                case '1':displayAllYP(head);    goto LoopYP; break;//显示黄页
                case '2':head=addYP(head);      goto LoopYP; break;//增加黄页，哪儿…
                case '3':head=modifyYP(head);goto LoopYP; break;//修改黄页，哪个…
                case '4':head=deleteYP(head);goto LoopYP; break;//删除黄页，哪儿…

                case 'R':
                case 'r':goto ReturnYP;
                case 'X':
                case 'x':funExit();
        }
        goto LoopYP;
ReturnYP:
```

```
        return head;
    }
```

6. launchCP()函数

该函数主要实现联系人操作菜单的显示以及菜单功能的执行。

具体实现代码如下：

```
//联系人操作的一级函数
CPLinkNode *launchCP(YPLinkNode *head){
    char itemCh;
LoopCP:
    showSubMenu("联系人");
    itemCh=inputForCP();
    switch(itemCh){
        case '1':displayAllCP(head); goto LoopCP; break;//显示联系人
        case '2':head=addCP(head);      goto LoopCP; break;//增加联系人，哪儿…
        case '3':head=modifyCP(head);goto LoopCP; break;//修改联系人，哪个…
        case '4':head=deleteCP(head);goto LoopCP; break;//删除联系人，哪儿…


        case 'R':
        case 'r':goto ReturnCP;
        case 'X':
        case 'x':funExit();
    }
    goto LoopCP;
ReturnCP:
    return head;
}
```

后面这 3 个函数分别存储在头文件 funMyCard.h、funYP.h、funCP.h 的最后。

12.4 测 试

12.4.1 常见错误

在程序调试和测试过程中发生的错误主要有两点：

一是本项目涉及的数据类型比较多，因而复杂，变量或者参数发生类型不匹配的错误比较多，特别是指针类型。解决办法是定义数据类型务必遵循一定的规则，例如：定义结构体类型时使用简短英文单词或字母，对其进行重定义时在前面的类型名后加上 Type 这个英文单词，具体使用时仅引用重定义的类型名；定义指针类型时使用 Pointer 或者 Link 等单词。这些明显的标识可以减少错误发生的几率。

二是写入外存文件的结构体数据仅仅包含数据域，不包括指针域，因为指针域的值在每次运行程序时实际是不同的。

12.4.2　程序缺陷

项目的设计思路清晰，但涉及的函数比较多，部分函数存在缺陷（bug），可能会导致程序运行时崩溃。

1. 字符串的前后导空格

在输入各种字符串信息时，可能会在真正的串值前后，甚至是中间添加多余的空格，这会影响到信息的冗余，所以需要删除字符串中多余的空格。该功能的实现较为简单，只需遍历一次字符串即可。

2. 数据的合法性验证

不论是在"我的名片""黄页"还是"联系人"模块中，存在的一个共性问题是数据的合法性验证。例如：电话号码只能是 0~9 组成的数字、且最长不能超过 11 个数字字符，其完善方式可参考第 11 章 "学生成绩管理"中的相关代码；对电话号码更严格的合法性验证还包括手机号码、长途区号等特征的识别和验证；还有电子邮件地址格式的合法性验证；网址格式的合法性验证等。数据非法则需要重新输入。

3. 联系人姓名非汉字的问题

程序中通过函数调用实现了获取联系人姓氏声母的功能。但没有考虑到联系人姓氏非汉字的问题，导致程序运行可能崩溃。实现方法是在相关函数中增加一个判断——因为字母字符的 ASCII 码最高位肯定是 0，而汉字的两个字节最高位都是 1。

4. 数据输入繁琐

在进行信息的修改操作时，可能只是很小部分数据的改动，却需重复性地输入较多数据，这可能会导致出现"需修改的没改，不想改动的却修改了"的问题。解决办法是：先将待修改的记录使用临时变量存储，若有非空输入则认为需要修改，若为空（直接按下回车键）则认为保留原值或者做一次确认判断。

5. 代码冗余

程序中存在一些语句段，它们多次出现、存在相同或相似的功能，应该将这些语句段提炼出来组织成函数，通过函数调用来达到降低代码冗余的目的。例如，确认是否修改、增加、删除的判断语句以及相应的输出语句可精炼组织成函数。

6. 空数据

在输出联系人数据信息时，是以 26 个英文字母为序进行分类输出的。若某类数据为空，但仍输出分类字母则是多余的。可通过在输出分类字母前加一个判断来实现。

7. 全局变量

一般来说，程序中尽量避免使用全局变量，除非不可避免。

本项目使用了 3 个全局变量，它们完全可以使用函数的返回值或者函数参数来代替。当然，若作为函数的参数又希望其值发生改变，则需使用指针型参数。

8. 外存写操作频繁

在程序中，对三类数据（我的名片、黄页、联系人）进行增删改操作后，立即进行外存文件的写操作，这样的操作过于频繁则会导致程序运行速度的减慢和效率降低，但能保证数据的准确性。若只在程序中止时进行写操作，若此时出现断电的意外情况，则数据不可恢复。因此，外存立即写操作有利有弊。

9. 界面的美观性

本项目使用的是纯文本字符界面，且没有做任何修饰，因此显得朴素、单调。可以在输出数据时增加一些画线字符，使得数据以类似于表格的模式进行输出。

10. 未实现的功能

没有实现按联系人姓名或手机号进行的模糊查询。这一功能的实现相对较为简单。

程序中对联系人虽设置了群组关系数据项，但并没有利用该数据项将属于同一群组的多人组织在一起。即没有完成联系人群组功能，没有体现该数据项的价值。

对群组关系问题的解答有三种方法。

一是程序中不适用链式存储结构，联系人使用顺序存储结构，在群组数组中仅存储同组联系人的下标。这会对整个程序的存储结构做颠覆性地修改，其效率有些得不偿失。

二是联系人仍旧使用现在的存储方式，用群组数组重新存储一次联系人的信息，这显然存在大量的数据冗余，也不值得。

三是群组也使用链表数组，即同一个群组关系的联系人组织成一个链表，具体方法是：给联系人结点增加一个指针域，用于存储同群的下一个结点。这种存储结构类似于《数据结构与算法》中的十字链表。它看起来比较复杂，但数据冗余度低、程序执行效率高。在联系人加载时务必同步建立联系人链表和群组链表，且在联系人的群组关系发生变化时也必须同步更新群组链表。因而实现难度增大。

12.5 总 结

"手机通讯录"与第 11 章的"学生成绩管理"相比较，两者在功能上是相似的，但"手机通讯录"的存储结构要复杂得多，导致操作函数也复杂一些。

"手机通讯录"与"学生成绩管理"都属于管理系统，几乎用到了"C 语言程序设计"课程的所有知识，特别是该课程中较难的复杂数据类型及其重定义等知识。掌握和应用这些知识对 C 语言的编程能力提高大有裨益。

附录 1

课程设计选题

一、选题规则

课程设计可按照学号尾数进行选题，组成团队，协同合作，但编码、调试、报告必须独立完成。

它分基础题和正题（综合题）。

二、课程设计基础题（必须使用若干自定义函数实现）

1. 约瑟夫环（可使用顺序存储、链式存储、计数、删除）。

2. 整数向汉字串的转换（如 12003 转换成"壹万贰千零叁"样式的字符串，需建立数字与对应汉字的映射、建立数位与个十百千万位的对应，多个 0 只能输出一个，从而符合读数的习惯）。

3. 统计一个链表中各整数出现的次数（包含链表的建立、遍历、插入排序、计数）。

4. 求复数的 n 次方（要按数学习惯 $a+bi$ 进行输出，但结果的实部为 0 则不输出这个 0，虚部为 0 则仅输出实部、不输出 i，虚部为负数时不能输出加号）。

5. 字符串中英文单词逆置（如"I am a student"输出成"I ma a tneduts"）。

6. 把任意一个多位数快速推入陷阱。操作方法是：第一步，数出其含偶数数字的个数，并以它作新数的百位；第二步，数出其含奇数数字的个数，并以它作新数十位；第三步，将其总位数作为新数的个位。继续重复这 3 步，循环多次后得到一个陷阱数。

7. 益智游戏。两个人（或人机对弈）轮流依次报数，每人每次可报一个或两个连续的数，谁先报到 30，谁获胜。如第一人报 1，第二人可报 2 或 2、3；第一人报 3、4，第二人可报 5 或 5、6（可使用随机函数提供报数个数的随机）。

8. 打印空心菱形（可通过输入来控制菱形的宽度和高度）。

9. 打印正弦图形 $\sin X$（计算机的屏幕坐标与数学坐标有差异，表达式应该进行适当修改（如 $y=300\sin X+300$）。有两种实现方式：一是在字符界面模式下，以行列为单位进行粗略的输出；二是在图形模式下，以像素为单位输出（绘图）点来实现。

10. 参照电脑日历的样式，打印日历。

三、课程设计正题

课程设计主要涉及数据的顺序或链式存储以及增删改查等操作，库函数调用，算法设计及实现，文件操作等（结构体数据的读写应以结构体为单位），以及程序编码、调试、纠错能力、创新能力、团队沟通与协作互助能力等。

1. 图书管理（主要是图书的存储、增删改查、借还等）。

2. 图书馆座位预订（一周内图书馆若干座位以 2 小时为单位进行 8 小时共四个单位时间的预订和使用，接受预订、使用、取消等）。

3. 流行歌曲排行榜管理（主要是歌曲信息分类及存储、投票、统计等）。

4. 超市商品收银管理（主要是商品信息及卖货和付款、票据打印输出等）。

5. 学校运动会管理（项目、运动员、名次管理等）。

6. 选修课管理（提供可选课程、学生的选择、限制、统计等）。

7. 个人记事本管理（以时间为序、事务的建立、增删改查、提醒、过期等）。

8. 新生入学报名管理（自动编班级、学号，分配寝室等）。

9. 推箱子游戏（键盘操作实现移动）。

10. 五子棋游戏（控制台输入坐标值即字符界面程序或者鼠标点击获取坐标即图形化程序）。

附录 2

课程设计报告模板

×××　学院

计算机系

C 语言课程设计报告

项目名称：＿＿＿＿＿＿＿＿＿＿＿＿＿＿＿

学生姓名：＿＿＿＿＿＿＿＿＿＿＿＿＿＿＿

学　　号：＿＿＿＿＿＿＿＿＿＿＿＿＿＿＿

专业班级：＿＿＿＿＿＿＿＿＿＿＿＿＿＿＿

指导老师：＿＿＿＿＿＿＿＿＿＿＿＿＿＿＿

日　　期：＿＿＿＿＿＿＿＿＿＿＿＿＿＿＿

1. 项目描述

简要叙述项目内容。

2. 需求分析

简单地说，项目需求分析就是要搞清楚要做什么，搞清楚具有哪些功能。

在软件工程中，需求分析指的是在建立一个新的或改变一个现存的系统或产品时，确定新系统的目的、范围、定义和功能时所要做的所有工作。需求分析是软件工程中的一个关键过程。在这个过程中，系统分析员确定顾客的需要。只有在确定了这些需要后他们才能够分析和寻求新系统的解决方法。

具体地来说，包括以下几方面：

（1）功能需求。

系统应该具有哪些功能，与项目描述以及设计者的理解直接相关。对一般的管理软件来说，必须包括数据的输入输出、增删改查、排序、统计等功能。请按实际项目需求填写用例。

一般按"动作（动词）→结果（名词）"的形式书写。

（2）数据需求。

需要输入什么类型的数据、什么值的数据，即数据模型的建立。它是由项目内容及软件设计者决定的。以数据描述的清晰、数据意义的完整为目标。主要是数据的选择及确认。

（3）界面需求。

软件的操作界面是图形还是字符模式，应以简洁清晰、操作方便为首要目标。

3. 概要设计（总体设计）

概要设计在软件工程的生命周期中处于核心地位。一旦对软件需求进行了分析和建模，接下来的工作就是软件设计了，首先就是项目的概要设计。

在软件系统设计的过程中，开发者定义项目的设计目标，将系统分解为更小的子系统，这些子系统可以由各个团队分别实现，开发者还要选择构建系统的策略，比如硬件/软件策略、持久性数据管理策略、全局控制流、访问控制策略、边界条件处理等。系统设计后得到的是一个包括子系统分解和每个策略都清晰描述的模型。

概要设计是与算法无关的，它由一些活动组成，每一个活动都专注于分解系统整个问题中的某一部分：

标识设计目标。开发者标识并区分应进行优化的各种系统特征的优先顺序。

以功能图（框图）的模式描述系统的概要设计成果。

以操作流程图的形式描述软件的操作流程。

4. 详细设计

以概要设计为基础，每个功能模块用一个或多个函数来实现，设计每个函数的算法，规划各函数之间的调用关系。

以函数调用关系图来描述各个功能模块的实现，以流程图或 N-S 图描述主要函数的算法实现。

5. 编码和调试

严格按照详细设计中的算法，编写各函数的代码，进行编译、运行和修改等。这一阶段，学生可能认为是最重要、最漫长的，实则不然。真正重要的是前面的概要设计和详细设计，若它们的设计不完善、不准确，将导致编码、编译、调试漏洞百出、顾此失彼。

此处填写调试程序过程中出现的主要问题及解决办法。

6. 测　试

软件测试的目的在于检验程序能否达到预期的目标和效果，是尽可能地发现程序中存在的错误并改正，但不可能发现程序中存在的所有错误。

需要一定量的数据作为测试的实验品，叫测试用例。测试用例是一组条件或变量（输入数据和期望结果的集合），测试者根据它来确定软件是否能正确工作。测试用例是通过实验达到引起构件失效和发现构件故障为目的。确定软件程序或系统是否通过测试的方法叫作测试准则。一个测试用例有 5 个属性：名称、可执行的路径全称、输入数据、测试预言（期望的测试结果与输出结果的比较）和日志（测试产生的输出）。

测试用例常从数据类型的验证，数据的边界值、非法值，选择结构中各分支都要执行到的数据、循环的初终值等几方面来选择。

测试活动技术主要包括：构件检查、可用性测试、单元测试、集成测试和系统测试。构件检查是通过对源代码的手工检查发现单个构件中的故障；可用性测试用于找出现实系统做了什么和用户的期望值之间的差异；单元测试通过测试单个单元的方法以发现故障；集成测试通过集成多个单元来查找故障；系统测试关注整个系统、系统的功能和非功能需求以及目标环境等。

此处填写程序测试的测试用例、测试的结果及分析、缺陷解决方案等。

7. 总　结

介绍项目的完成情况，总结在课程设计阶段的得失、感悟、后续工作等。

8. 附　件

将项目的程序源代码粘贴到这里，程序中语句或函数必须带有注释，粘贴程序运行中主要的界面、运行过程及结果。

参考文献

[1] 吴启武. C 语言课程设计案例精编[M]. 3 版. 北京：清华大学出版社，2009.

[2] 徐真珍，蒋光远，田琳琳. C 语言课程设计指导教程[M]. 北京：清华大学出版社，2016.

[3] 童晶，丁海军，金永霞. C 语言课程设计与游戏开发实践教程[M]. 北京：清华大学出版社，2016.

[4] 熊启军. C 语言程序设计[M]. 北京：中国铁道出版社，2019.

[5] 李春葆，尹为民，李蓉蓉. 数据结构[M]. 北京：清华大学出版社，2019.

[6] 汪丽，熊启军. 倒计时器设计与实现[J]. 电脑编程技巧与维护，2020（4）.

[7] 黄诗佳，熊启军. 一道算法设计题的解析[J]. 现代计算机，2020（8）.